著

四种活法

—— 我们该怎样抉择活法？ ——

混个人模狗样？　**挺**个石破天惊？

拼个风生水起？　**隐**个不露形迹？

民主与建设出版社

图书在版编目（CIP）数据

四种活法 / 王开林著 . —北京：民主与建设出版
社，2014.4
ISBN 978-7-5139-0338-7

Ⅰ.①四…　Ⅱ.①王…　Ⅲ.①人生哲学—文集
Ⅳ.①B821-53

中国版本图书馆 CIP 数据核字（2014）第 057079 号

责任编辑　王　颂
封面设计　逸品文化
出版发行　民主与建设出版社
电　　话　（010）59419778　59417745
社　　址　北京市朝阳区曙光西里甲六号院时间国际 8 号楼北楼 306 室
邮　　编　100028
印　　刷　北京明月印务有限责任公司
成品尺寸　150mm×230 mm
印　　张　17.5
字　　数　188 千字
版　　次　2014 年 5 月第 1 版　2014 年 5 月第 1 次印刷
书　　号　ISBN 978-7-5139-0338-7
定　　价　36.00 元

注：如有印、装质量问题，请与出版社联系。

目录

乙　卷

一个人活着，是常事，也是难事。要顾全衣食住行，难；要理顺人际关系，难；要活出精气神来，难上加难。

一个人要在社会上安身立命，有四种迥然不同的活法可供选择和运用：一是挺，二是混，三是拼，四是隐。

挺字派最为倔犟，冻死迎风站，饿死不低头，打脱牙齿和血吞，在任何艰难困苦的处境下，他们都不肯跪下屈服，不肯趴下求饶，不肯倒下认栽。曾国藩是挺字派的代表人物，他之所以能够逆中求顺，败中取胜，独家心法就是一个"挺"字。只要硬着头皮、咬紧牙关昂然挺住了，寒冬迟早会过去，机遇迟早会找上门来，敌手迟早会打出大漏勺，谁笑到最后，就准能笑得最好。楚汉相争时，刘邦被项羽穷追猛打，逃跑时，他担心马车超载，竟连儿女都要推下车去，真是狼狈之极，但他挺过了最凶险的鸿门宴，挺到了垓下决战，他成为了最终的获胜者。曾国藩呢，粮饷不继仍要挺，兵将不足仍要挺，朝臣掣肘仍要挺，屡败屡战，不胜不休。孙悟空被关入八卦炉中仍能挺，被镇在五行山下仍能挺，毫不夸张地说，挺字派选手是严酷时期的不死鸟，他们历劫重生，总是表现出最为勇毅的硬汉气魄。

混字派的心目中多半只有利，没有义，见人讲人话，见鬼讲鬼话，无确定之是非，无牢靠之信仰，附草托木，夤缘求进。这种混子往往能够吃香喝辣，一旦参透个中奥妙，升官发财绝非难事。在上个世纪二十年代，谭延闿担任过国民政府主席、行政院院长，既被人讥为八面玲珑的"水晶球"，也被人誉为"药中甘草"，论和稀泥的水平，这位顶尖高手若自谦为天下第二，就无人敢称天下第一，连孙中山都曾倚仗他在党派纷争中巧妙斡旋，充分调和。身居高位，谭延闿抱定的居然是典型的"三不主义"：一不负责，二不建言，三不得罪人。他只活够五十岁，却早早地混到政坛的金字塔尖，足见其功力高深莫测。他死后，上海某小报登出一副大开其涮的挽联，抓住谭延闿的"混"字派人生哲学和"水晶球"的江湖绰号大肆讥嘲，其词为："混之为用大矣哉！大吃大喝，大摇大摆，命大福大，大到院长；球的本领滚而已，滚来滚去，滚入滚出，东滚西滚，滚进棺材。"中国人见面，顶喜欢问对方"最近混得好不好"，但他们对那些已经混到宝塔上去的角色，却又不抱好感，不予好评，贬称他们为"混世魔王"，这样的态度不免矛盾，却相当有趣，能够反映出微妙的国民心理。

拼字派的情形更复杂，大致可划分为两类：一类是混字派的变种，另一类则与挺字派结盟。前者与人拼本钱，这个本钱并非他们自身的才智，而是祖上的浓荫和父母的厚赐，他们站在高高的起点上傲睨一切。后者则在困境中挺直身子，在绝境中杀出血路，秋瑾的诗句"拼将十万头颅血，须把乾坤力挽回"就是拼字派的极致宣言。真正意义上的拼字派选手，无论在何处打拼，都是能够豁出性命的勇士，具备冒险精神、牺牲精神和一往无前的气概，但他们拼什么也绝不会蠢到和衰到与人拼爹。近年，"拼爹"这个网络新词使用频率极高。开车撞人了，当众叫嚣"我爹是某某"的公子哥儿有之。挥拳打人了，张口扬言"我爹是某某"的公子哥儿亦复有之。某些衔着金钥匙出生、在保护伞下长大的富二代、官二代、名二代专靠拼爹取一日之胜，这是对社会正义和国家法律的公然蔑视与践踏，拼爹者的言行越是嚣张，就越容易让人看出他们的鄙陋，憎恶他们的霸道。由此衍生出来的案例实在太多了，其中不少成为了悲剧，也有一些充满喜剧色彩的网络新闻时不时冒出气泡来。2012 年 2 月，浙江永康市第二中学行政楼大厅的 LED 大屏幕上打出一句非同寻常的励志标语："没有高考，你拼得过富二代吗？"乍看一眼，这个设问令人一怔，再看一眼，你就不得不点头承认，这是一句发人深省的大实话。"三分天注定，七分靠打拼"，穷孩子苦孩子读书拼勤奋，单靠知识就能抹平与牛二代极为悬殊的差距吗？少数学生确实能够做到后发先至，多数学生的愿景则必然落空。要知道，拼爹者拼的是迈向成功的起点谁高谁低，拼的是人脉资源谁丰富谁匮乏，拼的是潜规则中的暗门谁能打开谁不能打开。他们有好爹，可以少走弯路，可以免遭重压，可以抢据要津，但他们的短板也很明显，素质、实力、干劲都远逊于穷二代和苦二代。何况他们的好爹有可能因为贪赃枉法从天堂坠入地狱，顷刻间就颠覆掉他们完美的梦剧场。

隐字派多半是觉悟者。他们与人为善，与造物者同游，心中少有世俗的计较和挂碍，能以真性情示人，活出本色和风采。在弱肉强食的零和社会里，隐字派往往退而独善其身，他们不显山不露水，不坑人不害人，不搅局不破局，不愤激不偏执，不越雷池不逾底线，不贪求高官厚禄和金山银山，只图良心安稳如磐，良知金瓯无缺。他们不一定是世俗标准下的大成就者，却一定是究竟意义上的大自在者。隐字派的代表人物是陶渊明，"不为五斗米折腰"是他的个性，"久在樊笼里，复得返自然"是他的夙愿，"采菊东篱下，悠然见南山"是他的快意。

这四种活法摆在眼前，我们该怎样抉择？混个人模狗样？挺个石破天惊？拼个风生水起？隐个不露形迹？有一点是相对确定的，一旦你选定了某种活法，也就选定了某种难以逆转的人生走向。创造者和思想者不可能滑头滑脑，久躺在父辈的浓密树荫下歇凉的年轻人也不可能有什么了不起的成就，拼爹暂时拼赢了的幸运儿则很可能最终输掉自己的裤衩。

四种活法，它们的价值坐标迥然不同。但彼此间存在共通点：你必须活出精气神来，生命才有质量。

本书除甲卷《四种活法》外，还在乙卷中收入了我近年发表的随笔、杂文五十篇，分为五辑：第一辑为"多研究些问题"，第二辑为"背后的文章"，第三辑为"彼与此"，第四辑为"所见即所得"，第五辑为"想到就说"。对于社会现实多角度多维度的体察、认知和感悟，始终是我写作的侧重点。

甲卷

第一种活法：挺

挺 字派最为倔犟，冻死迎风站，饿死不低头，打脱牙齿和血吞。在任何艰难困苦的处境下，他们都不肯跪下屈服，不肯趴下求饶，不肯倒下认栽。

"跳水冠军"曾国藩

数年前，我观看奥运会直播节目，有位外地朋友也在场，他突然问我："你们湖南的跳水项目这么强，冠军这么多，有什么讲究？"我脑袋里灵光一闪，急中生智，立刻回答他："两千多年前，屈原跳汨罗江，那个高难度动作惊世骇俗，跳出了中国的端午节，牛不牛？一百多年前，曾国藩跳湘江，那个动作同样高难度，跳出了湘军的处子秀，也不容易。有这样远近两位祖师爷和总教练传下'葵花宝典'，要是湖南还不涌现跳水冠军，就真没天理了。"在场的朋友闻言大笑。

屈原的事迹不劳我在此赘述，大家早已做足功课。曾国藩跳水，则值得说道说道。他给人的印象够狠够强，够威够厉，也会有自寻短见的时候吗？

曾国藩一生遭遇大厄的地点共三处：一为靖港，二为湖口，三为祁门。咸丰四年（1854）四月，湘勇初练成军，却被朝廷日催夜促，曾大帅只好提前亮剑。由于情报有误，他以为敌营空虚，有机可乘，于是率领五营湘勇趁夜偷袭靖港（省会长沙以北六十里外），结果中了埋伏，输得脸色铁青。当时，湘军初战不利，士气大挫，纷纷夺路奔逃，水上那座用门扉床板搭就的浮桥，哪经得起这番蹭踏？湘勇落水的落水，中箭的中箭，靖港沸成一口大汤锅，湘勇顿时变为露馅的馄饨。曾国藩身临前线，督战使奇招，插一面令旗在岸头，手提利剑，大呼："过旗者斩！"残兵败将见此情形，急中生智，绕过旗杆，逃得无影无踪。战局立刻就黄了。那时节，曾国藩气昏了头，还是吓昏了头？已难考证。唯一可知的是，他既愤又羞，惧怕朝廷责难，干脆一咬牙，一闭眼，纵身跳进湘江，喂鱼算了。要知道，安徽巡抚江忠源和湖广总督吴文镕都是战败后投水自尽的，好过做敌军的俘虏，受朝廷的处分。所幸幕僚章寿麟一直关注湘军大帅的一举一动，以防意外发生。才不过一顿饭的工夫，大帅就不想玩了，不想活了，这可不行。章寿麟水性好，力气足，他捞起曾国藩，背在背上，往省城方向发足狂奔，好歹把湘军大帅的那条老命（曾国藩不算老，才四十三岁）从冥河边抢救回来。

据湘军大将李元度忆述：曾国藩获救后，第二天中午才抵达长沙，身上湿衣服仍未干透，蓬头跣足，神情狼狈不堪。省城的官员幸灾乐祸，对他多有揶揄。部下劝他吃点东西，他也不碰碗筷。当天，曾国藩就搬到城南高峰寺去住，撰写遗嘱（这是曾国藩的习惯，每遇棘手事，就写下遗嘱存档），处分后事，打算第二天自裁（这回更不得了，要对自己下毒手，白刀子进，红刀子出）。所幸塔齐布、彭玉麟等人率湘军十营攻下了湘潭城，靖港的敌军闻风逃逸，他这才如逢大赦，破涕开颜，收拾旗鼓，重整军实。

左宗棠的忆述则补充了一条有趣的材料，说是曾麟书在湘乡荷叶塘听到儿子吃了败仗、打算自杀的消息，立刻写了一封措辞严厉的家书派人送给曾国藩，其中有这样的话："儿此出以杀贼报国，非直为桑梓也。兵事时有利钝，出湖南境而战死，是皆死所；若死于湖南，吾不尔哭也！"老爷子这回真的动了肝火，发了脾气，竟怒斥道：你堂堂男儿，报国捐躯，死哪儿去不行？现在吃了败仗，硬要死在家门口，岂不是让祖宗十八代都跟着你丢人现眼？要是你就这样嗝儿屁了，我半滴老泪都懒得为你流！老爷子做政治思想工作，一手软，一手硬，火候恰好。

靖港跳水没死成，后来，曾国藩在湖口大败，情急心慌，又要跳水寻短见。比起往日来，这回明显多出几许作秀的成分，大家心知肚明。两次跳水，毫发无伤，这个"跳水冠军"的头衔，曾国藩拿定了，也没人怀疑或诬陷他服用了兴奋剂。

在近代历史人物中，曾国藩建功立业的过程可谓艰苦卓绝，是公认的挺字派大帅和大师。他撰写《挺经》十八条，影响及于几代人。即便如此，带兵之初，他也有过两次跳水的纪录，这并不是什么奇耻大辱，反倒为其传奇人生增添了亮色。

还活着，兄弟

在人生的某个低谷期，我曾给一位暌违多年、久疏问候的远方好友发去短信，询问他近况如何，他的回复异常简洁，只有寥寥五个字，外加两个标点："还活着，兄弟！"我很难说得清楚，这个短句透露出的情绪究竟是乐观的，还是悲观的，它令我愣怔了好一会儿，竟有些回不过神来。

活着，事属寻常。熙熙而至，攘攘而赴的，为名，为利，为权，为情，为闲情，为逸致，满世界都是这六类人，少有单项，多为兼项，得失赚赔升黜胜负输赢成败使人心累，也使人心狂，计虑，营谋，追逐，放纵，出老千，耍障眼法，掩耳盗铃，瞒天过海，把戏的内容差不离，各有各的路数。活着，在快乐和烦恼、喜悦和忧愁、幸福和悲伤之间颠倒沉浮，在七情六欲的梅花桩上打醉拳，细细琢磨，大家过得并不容易。

不说更久远的事情，就说最近几个月吧，法航的空难，成都的公交车起火，重庆武隆的山体崩塌，频发的矿难，当然还包括世卫组织将甲型流感警戒提升至第六级（最高级），乌鲁木齐街头暴乱流血事件，莫拉克台风肆虐海峡两岸，夺去数百人的生命，摧毁数十万人的家园……接踵而至的坏消息壅塞网络，霸据视听，叫人耳闻目睹之后，不免刺痛心肝，惊骇魂魄。生者双手合什，焚香爇烛，为死者默默祈祷，唯愿他们的在天之灵能够得到安息。死者也许同样在冥冥之中俯瞰着生者吧，看见他们为了蜗角微名和蝇头小利斗智斗勇，不惜流血流泪，糟践大好的生命，又何尝不感到十分难过。

活着，既是熟视无睹的幸运，也是习焉不察的幸福，如果没有天灾人祸不间断地提醒我们，我们会觉得活着是家常便饭，是小菜一碟，谁为此庆幸和感恩，你会认为他比列子寓言中那位忧心天崩地陷的杞国人更为滑稽可笑。活着，在不经意间活着，我们会忽略许多人间苦难，忽视死神在身边徘徊，直到眼泪飞落如雨，哭声撕肝裂肺，才会从漫不经心和麻木不仁的状态中倏然惊醒过来，背上冷汗涔涔。活着，每天早晨看到太阳冉冉升起，每天黄昏看到夜幕徐徐降临，每个季节看到花谢花开，它们都是大事，是可喜可贺的大事，能够爱我所爱，念我所念，行我所行，做我所做，这是幸运的，是万千不幸中的幸运。明白了这一点，莫名的烦恼就会如同雪花飘落烈火熊熊的洪炉，化解得无迹可寻。

没有坏消息的日子就是美好的日子，就是幸运的日子，这样的要求似乎并不算高，其实，已经绝不算低。

行文至此，我忽然记起白居易《简简吟》中的两句诗："大都好物不坚牢，彩云易散琉璃脆。"人的生命无疑是好物中的珍品和极品，容易失手而碎，失足而碎，失慎而碎，失利而碎，失事而碎，失计而碎，有时欲珍惜而无从珍惜，欲保全而无法保全，甚至都来不及发出 SOS 的紧急呼救，就一瞑不复视。

"还活着，兄弟！"

再次面对这五个字，我唯有参悟之后的静默，唯有静默之后的感怀。除了当下，除了此时，我们拥有什么？"你本是尘土，仍要归于尘土。"但此刻我们是人，是鲜活的生命，有血有肉，有情有义，不能辜负了造物主的这件手工，不能枉费了这趟人世游，不能空转了这个灵魂的经筒。

生命具有偶然性、一次性、短暂性和脆弱性。活着，硬朗地活着，它对抗的不只是笼罩万物的死神的阴影，还应包括平庸、恶俗、罪孽和冷漠。一个人若能活出真我风采，活出大我风范，就绝对值当了！

日成一事

一位熟识的读者告诉我：几年前，他在精神方面出现了危机的前兆——空虚和迷茫，于是他主动应对，阅读了一些励志书，其中有海伦·凯勒的《假如给我三天光明》、朗达·拜恩的《秘密》、卡内基的《人性的弱点》、罗宾斯的《唤醒内心的巨人》和柯维的《高效能人士的七个习惯》，不料收效甚微，关键的原因是：尽管这些作者把道理阐述得十分透彻，也有一些出神入化的现身说法，但他结合个人情况，操作性并不强。某日，他忽然悟到，大家人云亦云，反复强调"有志者事竟成"，那个"事"通常都指大事，然而天下大事太少，小事如麻，倘若我们一味地想做大事，别说良机有限，贵人难遇，就老实掂量自己的才智吧，也未必够用。成功的范例固然光鲜，可是谁又曾留意过失败者的黯然神伤？他们双脚悬在半空，上不着天，下不着地，最终以"烂尾"了之者不乏其人，余生只剩下愧悔和遗憾。悟到这一层，他当机立断，确定了一条崭新的座右铭——"日成一事"。这个"事"只限于小事和微事，但必须做得有条不紊，有始有终。

现代人就像是被狠劲鞭打的骏马，为生活，为事业，疲于奔命，往往会错过他们理应俯首的河流和性该驻足的草原，失去那些刻骨铭心、荡气回肠的感受。唐人李商隐在千里之外写诗给夫人，"何当共剪西窗烛？却话巴山夜雨时"，归期难卜，但诗意盎然。今人某某某在千里之外发短信给妻子，"我乘明天上午的航班回家，晚上一起去国家大剧院听演唱会"，快惬则快惬矣，美妙则美妙矣，但诗意淡然（且不说荡然）。在快节奏下，还能过慢生活的人已经多乎哉不多也。实际上，你想慢也很难慢下来，所有的交通工具、沟通方式和传播手段都如此便利而快捷，你若独自慢了半拍，就会立刻与这个世界产生脱节感。在快节奏下，读书，你很难精读；想事，你很难细想；交友，你很难深交。每天，你会在一大堆事务中穿梭忙碌，但静下心来，回过神来，又有几件是真正做成了，做好了？不是预案做得不到位，就是决定下得太仓促，一旦生米煮成了夹生饭，就是巧妇也难为这有米之炊。

日成一事，就是要尽可能地把小事做好，把细节顾全，不慌不忙，不急不躁。读一本书，就把这本书读明白，不"杀书头"（国学家黄侃的说法，只读个开头，就将书撂下抛弃）。写一封信，就把这封信写周详，慎勿差池。见一个人，就把这个人见清楚，莫留疑惑。植一棵树就把这棵树植成活，勿使枯萎。诸如此类。日成一事，既是一个原始积累的过程，也是一个自我修炼的过程，积小善而为大善，积小成而为大成，久而久之，不说积土成山，积水成渊，至少也能集腋成裘。

近代大儒曾国藩有一副名联，可谓快人"慢语"："好人半自苦中来，莫贪便宜；世事皆因忙里错，且更从容。"我说曾国藩是

"快人"，其意并不难解，他是近代公认的立德、立功、立言的头号典型人物，大家都认定他是快刀斩乱麻的顶尖高手，殊不知，他经常劝人要慢工出细活，天下事非从容而莫办。无独有偶，民国元勋黄兴也是"快人"，半生戎马倥偬，但他好整以暇，最爱对人说的四个字是"慢慢细细"（长沙方言，意为做事不求快而求精）。大德高人，我们学不来，但其言之要义值得留心，无论做大事还是做小事，单纯地追求快速都不行，靠谱的急就章总是太少，精心之作则须仔细打磨。

也许有人会犯嘀咕：日成一事，这是否要求太高而又逼迫太紧？这是否违背了"慢工出细活"的原则？先哲不是说"人生一事不为则太长，欲为一事则太短"吗？首先，日成一事，是专指小事；其次，日成一事，是专重细节；此外，日成一事，是要快人减速；还有，日成一事，是要懒人提劲。虽是小事和细节，你若日日慎意而为，精心而为，笃实而为，我不作百分之百的断言，至少会有百分八十以上的可能，在判断力、行动力和创造力等多个方面，你将具备过人之处，因为任何成功都源自于良好的习惯和持之以恒的积累。

需要说明的是：我所讲的日成一事，并不包括某些公职行为。一位掌握印把子的官员，每天写十张纸条，盖百个公章，就能办成一大堆事，这根本不在本文讨论的范围之内。

别让咖啡着凉

曾经有一支流行歌曲这样唱道："孤独的人是可耻的。"凡事妄下结论容易，妄下武断的结论就更容易。然而，无论我们用热眼还是冷眼通观世情，对歌词作者这个故作惊人之语的结论都很难苟同。由于孤独是人类共有的精神处境，也就是说，每个人安身立命于天地之间，心灵都难免会时不时地感到漂泊无依。既然如此，何不乐观一点看问题，孤独也有其不可或缺的益处：它使人自省，它使人自强，它使人神清气旺，它使人完美如初。

耐不住寂寞的人视孤独为冷酷的长蛇和毒辣的黄蜂，避之唯恐不及，这并不奇怪。他们独处时，一颗心总不能十分安妥，非得去人多热闹的地方找一份"乐子"，填塞精神的空虚。然而他们常常难以如愿，一不留神，反倒会掉入烦恼的阴沟和苦闷的枯井，招惹来额外的闲气。既然孤独如影随形，无处不在，他能轻易发现我们的踪迹，找到我们的地址，那么，我们还不如恭候他大驾光临，干脆奉他为座上宾，是清茶美酒，还是浓咖啡？随他挑吧。

借用孤独的光景，你正好可以审视自己的昨与今，判别自己的形与性。

你可歌可舞，可笑可哭，可动可静，可醉可醒，无为而无不为，轻松地还原出一个百分之百的真我，将花活儿收起来，将假面具摘下来，丝毫不必扭扭捏捏，嘻嘻哈哈，装孙子，扮二大爷。孤独可以使本已异化的那个"我"抖落满身的红尘俗气，擦净花花绿绿的保护色，爱想什么想什么，爱做什么做什么，一封昔日的情书，一则往年的日记，一帧旧时的留影，都可以使你打捞起生命中那些沉淀的记忆。"我思故我在"，这是哲人在孤独之境所悟得的洞见。佛家禅修，特别讲求清静，因为清可明心，静可见性，而清静往往与孤独相连，这样的孤独恰恰是世间最圆满的心境，那种美好的感觉如荷花在午后开放。

孤独是一种至大浑圆的境界，唯其孤独才能有"我"，才能有一个"全我"，才能有一个"真我"，要不然，便是一个异化的"他"，变成"残我"或"假我"。我曾在一位老先生的书房正壁瞧见过两个斗大的篆体字——"至清"，出自他本人的手书，题识为："水至清则无鱼，人至清则无友。无鱼，水清且涟漪；无友，人清且忻怡。世间败水者，鱼也；败人者，友也。无友无鱼，是谓真有，水则不失为水，我则不失为我，性与灵，可得两全。"如此极端的说法，我在别处从未听说过，通常的道理是，多一个朋友多一条路。我猜，老先生很可能在"反右"或"文革"时被良朋密友三番五次出卖过坑害过，才会有此一说。然而，细细咂摸他的题识，未必全无道理，这世间确有不少卖友求荣的人。

某种根深蒂固的成见认为：孤独的势能极大，它会对心灵造成无药可医的损伤。儒家正统文化更是别有用心地鼓励世人"合群"，为此不惜放弃私密，抹煞个性。究其实，孤独者较之喁喁顺民更具怀疑的眼光、理智的头脑和批判的精神，他们不太容易被这个世界某些光怪陆离的表象所蒙蔽。孤独者最大的敌人是专制魔王（如希特勒），专制魔王钳制思想，强求文化观念整齐划一，必然将那些独行其道、拒不合作的人视为异数，感到如鲠在喉，急于要消化他们，若是消化不了，则毫不留情地消灭他们。

不能忍受孤独的人，只是懦夫；能够忍受孤独的人，才是勇士。

然而，世间最高的精神境界却并非忍受孤独，而是享受孤独，能够享受孤独的人才是真正的智者。中国的头号哲人老子骑着青牛独往独来，二号哲人庄子连宰相的聘书都不肯接单，他们敝屣尊荣，只有一个理由，孤独者所享受到的心灵愉悦，虽赐千城不易，虽封万户侯不换。哲学、文学、艺术、科学，这些人类精神的花果无不生长在孤独的园林之中，一个人享受孤独便仿佛是在春天享受鲜花的幽香，在夏天享受葡萄架的阴凉，在秋天享受落叶的静美，在冬天享受壁炉的温煦。

一杯咖啡，在人声鼎沸的地方，你可以细细地品尝出它的醇香与苦涩。享受孤独，更是驾此而上，它使人获得禅悟与喜悦。一个人在世间最美好的存在方式，便是智慧地思索和诗意地栖居，即庄子所说的"精骛八极，心游万仞"，要获取这两方面的成就，无不仰赖于孤独的保全。清净的灵泉和慧海总是远离喧哗与骚动。

我特别赞赏那些能够享受孤独的人，不为别的，只为他们在智慧之光的抚照下，内心的叶片花朵不仅生机盎然，而且能弥散出经久不息的芳香。

孤独可使人获得神奇的力量和智慧，这是铁定无疑的事实，高僧大哲偏爱清修即证明了这一点。历史上，那些被万众崇仰的英雄内心总是孤独的，那些行于绝域的探险者内心总是孤独的，那些神游物外的思想家内心总是孤独的。但正是祥云似的孤独托举着这些我行我素、不屈不从的创造者，使他们卓尔不凡，高翔于天外的青天。

哲人亚里士多德说："喜欢孤独的人不是野兽便是神灵。"

哲人哈玛绍说："斯人也，以旷野为枕席，以星辰为弟兄。孤独，孤独，但是孤独亦可成为漫漫长夜的良伴。"

圣人梭罗说："我从来没遇到过比孤独更好的伴侣。"

孤独还有两位同父异母的兄弟，一是"孤苦"，二是"孤单"，他们的形貌酷似"孤独"，但性质完全两样。"孤苦"和"孤单"指人的处境不容乐观，"孤独"则指人的心境异乎寻常。"孤苦"和"孤单"是砂，"孤独"是米，也许米中有砂，但二者不可混为一谈。有时，名利地位富贵荣华使某人受到万众簇拥，四海推崇，但这并不能消除他心头原本就潜伏暗藏的孤独感，反而会迫使他更加靠近菩提清净的境界，如此，才可以称他（她）是一个有悟性的聪明人。

不用心者不孤独，善用心者置身孤独之境而无害。孤独是一种很高的资格，享有它，你的生命才会不落俗套。请你务必记住，别让咖啡着凉，更别让心灵着凉，使灯盏透亮起来，更要使心灵透亮起来。

雨天背棉花

城市扩容后，交通变堵，垃圾围城，已是伤脑筋的事情。一不小心，开车的人就换来个"堵民"的角色，快感几何？说到垃圾，生活垃圾、建筑垃圾和工业垃圾之外，还有情绪垃圾，前者污染环境，后者破坏心境。

有位熟识的散文作者，多年前在电台干过编辑，现在摇身一变，成为了心理咨询师。原因很简单，电台编辑的薪水太少，报刊文章的稿酬太薄，日常生活的负担太重，他必须找个更能够缴纳高额房贷的职业。按规定，心理咨询师要持证上岗，为了这个证，他自学了四年。我问他干这行的感觉好不好，他说："很难用'好'或'不好'来形容，你想想看，要做别人的情绪垃圾桶，不可能很舒服，但经过我开导，别人纾解了心理压力，走出了精神困境，或多或少，我会有一点成就感。"

听了他的话，我记起来，十多年前，湖南省经济广播电台主持人尚能做过一档极受听众欢迎的谈心节目《夜渡心河》。尚能口才好，反应敏捷，确实能够给许多谈心的对象提供建议。即使他赌气，要性子，与人打口水仗，把对方顶上南墙，也不是很讨厌。但他的虚荣心强，性格脆弱，用情不专，这些弱点成为了致命伤。我见过尚能一次，在贺龙体育场，他与朋友来打网球，经人介绍，我们握手聊了几句。印象是，他的脸色灰中带青，神情闷闷不乐。我不免感到奇怪，在节目中他可是显得神气十足啊！下了节目怎么就变得如此萎靡不振？后来，我才知道，尚能患上了严重的抑郁症，正在湘雅医院治疗。没过多久，他就丢开谈心节目《夜渡心河》，抛别众多"粉丝"，写下四封遗书，在家中自杀了。这个消息令人震惊。我意识到，尚能长期为别人拆除"心理炸弹"，自己的"心理炸弹"却未能拆除，这是悲剧的根源。

"拆弹专家"不好当，就算他们具备地藏菩萨的愿力，也没有地藏菩萨的功夫，更没有地藏菩萨的金刚不坏之体。谈心节目的主持人个个都有菩萨心肠，殚精竭虑帮助那些目标听众渡过心理难关，摆脱精神困境，自己却在深水区苦苦挣扎。能够医人却不能医己，能够度人却不能度己，久而久之，他们的身心就会彻底闹掰，甚至同归于尽。

我与那位心理咨询师聊到尚能，他对往事同样记忆犹新。他说："尚能自杀是极端的个案，值得深入分析。他连续做了几年谈心节目，早已超负荷，达极限，应该休息却没有适当休息，应该治疗却没有抓紧治疗。要做个称职的'拆弹专家'，就得掌握诀窍：一是要定期清空脑袋里的负面记忆，二是日常要多与人畅聊轻松愉快的话题，三是要亲近大自然，领悟'万物并育而不相害，道并行而不相悖'的哲理，四是给别人减压纾困之前，自己先要减压纾困，五是常练瑜珈，多做运动，六是想哭就哭，想笑就笑，不用藏着掖着，憋着堵着。我刚做心理咨询师的那会儿，也是雨天背棉花，五十斤的重量，渐渐地就变成了一百斤、两百斤，从费劲吃力到承担不起，只存想，撑过去就能雨后天晴。后来，经同行高人指点，赶紧出去度假休整，把应急手段用足，这才如释重负。当年，尚能要是能够及早卸掉背上沉甸甸的'湿棉花'，那道心理高坎就大步跨过去了。"

我们缅怀一番，感叹一番，虽无益于逝者，但对那些患有轻微心疾和严重心病的人寄予了必要的关怀。富人、名人、贵人、美人为数不少，其中有些是大众羡慕嫉妒恨的重点对象，但他们内心的压力、焦虑、困惑、纠结，绝非外界所深悉。十年前，张国荣选择愚人节跳楼自杀，世人惊愕不已，他们很难面对偶像自毁的事实。穷人、草根的心理疾患源自生活贫窘、感情枯涸和精神动荡，世道的不公则使之畸变和扭曲。因此无分贫富、贵贱、美丑、有名和无名，在雨天挺直身子背棉花的人都是值得我们同情的苦人。

凹版的青春

人到中年，自谓不惑，然而距离东隅春色越来越远，距离桑榆冬景越来越近，其实事事堪惊。据说，动物不具备十年以上的回忆，唯独人类拥有这项天赐的特异功能，可见众生平等只是佛家的说法，造物主并非一视同仁，由于他的偏爱，人类在许多方面得天独厚。

童年时期，我遭逢过迁徙之变，忍受过饥寒之苦，体验过丧母之痛，青春岁月的多半时间是在勤学苦读中静静度过，所幸的是，至今回忆起大学生活来，还有几桩赏心乐事值得一提：与同学畅游香山，落霜时节给女友寄赠红叶；与好友聚会圆明园废墟，探讨的却是天底下有多少爱情能够永恒；与文朋诗友登临八达岭长城，人人顾盼自雄，唯独我谦称"半条好汉"；与几位同学骑自行车去百里之遥的卢沟桥，只为找寻半个世纪前日本侵略者留下的弹孔……这样算起来，似乎良辰美景我均未错过，但仔细思量，我仍有许多遗憾难以补偿。

童年该吃的糖果，延迟到少年再吃，就不是那般滋味；青春期该做的梦，延迟到中年再做，就不是那般浪漫。青春岁月只是短短的一截，犹如甜甜的甘蔗，就该用好牙（而不是龋齿）及时咀嚼，等不得，放不得，耽搁不得，快乐比一杯夏日的新鲜奶酪更容易变质。

曾有青年学生问我："年轻时怎样活着才算值？"这个问题耐人琢磨，却又不好回答。我想，这个问题绝对不会有标准答案。我只能设身处地寻思，假若我的青春能够在这个时代重新开始，我愿意或能够做哪些事情？我打算成为一个怎样的青年？

既然摆脱不了应试教育的大背景，那我就顺势而为，照样学好每门功课，但我不会再把成绩单上的高分数视为骄傲自豪的资本，我一定要挤出时间去观看那些张扬个性的欧美影片，阅读那些触及灵魂的经典诗文，欣赏那些悦耳怡心的中外名曲，饱览那些雄奇壮丽的山川景色……不止是这样，我还要在运动场上动若脱兔，跳得更高，跑得更快，在围棋枰前静若处子，虑得更远，谋得更深。我要战胜脑子里的怠惰，成为一个勤勉的人；我要根除骨子里的怯弱，成为一个勇敢的人；我要明辨是非，成为一个正直的人；我要同情弱者，成为一个善良的人；我要懂得感恩，我要学会更浪漫的爱，我要告诉亲人、朋友和同学，他们在我的心目中十分重要，我会永远珍惜与他们相知相处的缘分。

我将尽心尽力做好所有这一切，目的只有一个，那就是让自己的青春多出几抹亮色，不虚度，不荒废，不变为暗淡的灰，不落为枯萎的黄，不沦为郁闷的黑。青春是一片向阳的花地，晴空是海蓝的，花朵是火红的，草地是翠绿的，这片花地应该充满蓬蓬勃勃的生机。

我愿我的青春岁月成为一生中的华彩乐章，它的旋律快乐奔放，而且韵味绵长。

"这样亮丽的青春绝对不会留下遗憾！"

是的。或许会有一些小纰漏小破绽，大方向大目标却没有误置，无须改动。

然而现实却不容许我太过乐观。那位提问的青年已及时地提醒我："现在房价这么高，就业这么难，理想只能延迟响应，做月光族，做啃老族，都有伤自尊，您设计的蓝图好是好，但变现的几率不大啊！"

他的话令我沉吟。青春太短，而前路太长，负重而行，咬牙而打拼，苦而累，艰而辛。我承认，我的想法确实显得太轻松了，只有少数人才具备那种衣食无忧的先决条件。但就算情况再糟糕些，我还是会那么追求，许多理想恰恰成于艰难，而不是成于容易。

可惜我已经无法穿越时光隧道回到从前，只能旁观正当华年的朋友大把大把地挥霍青春。羡慕吗？并不羡慕。我更希望他们加快创造的脚步，把三十而立、四十不惑的通道打开，而不是在应该立起时仍为阿斗，在应该不惑时仍满脑袋塞满"十万个为什么"。

凹版的青春固然没有凸版的青春那么醒目神气，但它更能显现一个青年人扛鼎的雄心和凌云的壮志，磨砺中的宝剑，苦寒中的梅花，它们没理由自嗟悲辛，那硎石正是锋芒的出处，那冰雪正是馨香的来源。

高处不胜寒

在精神上渴求自由，古今并无大异，常人的心胸往往禁不住严酷现实的过度挤压而坼裂变形，最终陷身于苦难的齿轮中发出哀叫。因此古代的诗家登高眺远，种种梦幻泡影皆为之遁形，他们合该洞悉人生的悲剧底蕴。

"登兹楼以四望兮，聊暇日以销忧。"王粲生逢兵火交侵、人命危浅的东汉末世，楼头所见皆是白骨荒原，当然悲不自胜。"前不见古人，后不见来者，念天地之悠悠，独怆然而涕下！"陈子昂登幽州古台，兴发的乃是对天地人生的大悲悯，这绝对不是无病呻吟。

也有超然的智者一不小心就置身于红尘之外，回头另作开解之语："士生于世，使其中不自得，将何往而非病；使其中坦然不以物伤性，将何适而非快！"苏辙的《黄州快哉亭记》大有教人修心息念的意思。至于范仲淹极力倡导的"不以物喜，不以己悲"的崇高境界，则恐怕一万人中也难有一人能做到。

西晋文学家左太冲的诗以"振衣千仞岗，濯足万里流"最称名句。这种高洁的精神差不多都快要失传了。凡夫俗子身在妙高之处则蝇营狗苟，身在润泽之地则同流合污，实为人间常景，不足讶怪。灵魂若要据于高地，肉体就须栖于卑陬，可谓此事古难全。"举世皆醉而我独醒"的人往往双脚站在悬崖上，只要被哪位"醉汉"稍稍一挤一推，就会栽落下去，想伸手抓根藤蔓都来不及。有鉴于此，人们在精神上均不同程度地患有恐高症，说什么"峣峣者易折，皎皎者可危"，说什么"高处不胜寒"，说什么"爬得高摔得重"，其实是裹足不敢涉险。两千多年来，中国的读书人对于儒家的中庸之道奉行不悖，明哲保身的技术早已臻于炉火纯青的化境。

　　"醉翁之意不在酒，在乎山水之间也。"聪明人拿得起，放得下，寄兴于绿水青山，赊取风月总比孔乙己赊取黄酒来得更便宜，绝对不会被店主逼债。聪明人能入能出，入则明修暗渡，宦海轻舟一帆高挂；出则野鹤闲云，尘中细故不了了之。高也能成，低也肯就，于是就没有圆凿方枘之忧。这样的"聪明人"不是太少了，而是太多了。

　　苏东坡好像特别怕"冷"，说什么"高处不胜寒，起舞弄清影，何似在人间"。他看得太清楚了，倒反而容易犯嘀咕。东坡一生流落如转蓬，险些被贬死于瘴疠之地，所幸他天性乐观，始终在精神的孤峰上自斟自酌，自歌自舞，冷是冷清了一点，但绝胜风景全在那儿。古代有名有数的文人多半只能如此高踞于精神的极顶，傲视沧海横流。

　　在高处，应以找寻自我为第一要义。自我的失落比神灵的失落更危险，个人的成毁往往就在一念之间。我们若只能安居"平野"，就不要措身"高原"，由于缺"氧"而受罪，纵使风光也枉然。有人甘于忍受曲高和寡的不遇之苦，背离世俗，皎皎而不自污，在高处依然纵情快意，这种抉择多半以失去现实享乐为代价，以保全自我本心为归结，高寒之地也就可以"青女素娥俱耐冷，月中霜里斗婵娟"。

　　八百多年前，辛弃疾在建康赏心亭上叹恨"江南游子，把吴钩看了，栏杆拍遍，无人会，登临意"，他愤于志士无报国之门，英雄无用武之地。"居庙堂之高，则忧其民；处江湖之远，则忧其君"，范仲淹爱民忠君，可是历代腐败的统治者对此类忧患意识并不领情，英雄豪杰的抱负也就屡屡落空。高处的壮歌变成了绝唱和遗响，其中蕴藏着万古如斯的悲凉。

在高处，一个人最容易与历史会合，也最容易与自己会合。在这个会合点，歌哭多于言笑，沉默多于放谈。因为思想无所不至，它将洞察幽微，辨析出我们起始和结末的那些虚虚实实的体验。在高处，可能我们的肉体有一个座次，心灵则无可立锥，反之亦然，此事古难全。身心同在高处的非神即圣，谁能看到他们横绝天际的背影？

"绝怜高处多风雨，莫到琼楼最上层！"袁克文写诗讽劝父亲袁世凯不要称帝，却被幽禁于北海公园中。不到一年，袁世凯就因为称帝而身败名裂了。高处既是让人去征服的，也是让人去毁灭的。难道征服的快感真要远远大于毁灭的痛感吗？

在历史的黄卷中，那些猛人、恶人、奸人、贼人都曾作威作福过，但他们的朽骨终归支撑不起"灵魂高高在上"的奢望。灵魂的结算乃是完全不同的方式。

我们拥有奔腾的心

时下，"正能量"这个词已有滥用和用烂之嫌。细究一番，我们不难发现，许多人对正能量的外求冲动要远远超过内求冲动。何谓外求冲动？即对外界的各类助力（包括人脉、人气、人缘、人望）孜孜以求。何谓内求冲动？即不断提升自身才智、品格、能力和勇气的标高，使之百尺竿头更进一步。外求冲动往往会诱导人去走捷径、捞快钱、艳羡势利、爱慕虚荣，其情形仿若风筝，凌空蹈虚之际，飘飘欲仙的感觉固然上佳，但怕就怕好风减弱，逆风渐强，长线要是绷断了，就只剩下坡路可走，光景大不如前。与此相反的是，内求冲动使人拥有愈益澎湃的能量，正应了那两句话，"行远须得马力足"，"打铁还要自身硬"。求诸人不如求诸己，一个人内求冲动源源不绝，其成功就更能经得起时间的检验。

二十多年前，那句豪言"我们拥有奔腾的心"曾令举国上下血沸神旺。当时，年轻人的内求冲动十分强烈，他们的想法既简单又很不简单，无意急功近利，甘心负重行远，罗马城不是一天能够建成的，长征路不是一日能够走完的。然而时过境迁，随着整个社会的腐败气息日益弥漫、房奴队伍迅速扩编，这句豪言早已沉埋于海底。当今，一些年轻人不再是为高远的理想矢志奋斗，而只是为一套高价的住房玩命打拼；他们不再以创业为傲，而是以跻入公务员队伍为荣。"我们拥有奔腾的心"已降调处理，变成了不折不扣的讽刺。然而谁又有资格粗暴地指责这些年轻人短缺进取心，匮乏创造力，丧失了吃苦耐劳的精神？环境改造人显然比豪言激励人要强胜万倍。官场腐败破坏了公平竞争的游戏规则，贫富悬殊还不是最可怕的，更可怕的是竟然连起跑线和起飞的平台也相差悬殊，某些富二代和官二代的骄奢淫逸具有极坏的示范效应，他们开着高档跑车在马路上和校园中狂飙，撞死了同龄人还敢扬言"我爸是某某"，其嚣张的气焰比其犯法行为具有更强的腐蚀作用。曾有一位沉迷于电子游戏的年轻人对说："我的性格并不脆弱，在网络世界中我谁也不尿，但我不会阿Q到把那句'神马都是浮云'时刻挂在嘴上，现实才是真正的教科书，我努力奋斗又如何？终点还不如别人的起点高！"社会是这样的社会，年轻人的苦闷和愤懑需要的是充分的理解和必要的纾解，而不是横加斥责，或用"哀其不幸，怒其不争"的八字口诀一语带过。

前些日子，我与一位多年未见的老同学不期而遇，谈到二十多年前的青葱岁月，仍可见到他浑浊的眸子里闪耀出清亮的光芒，但顷刻之间就消逝无影了。他告诉我，这些年，他教过书，当过公务员，经过商，办过企业，曾取得过短暂的成功，但现状不容乐观，在本轮经济危机中，他的企业已濒临倒闭。他叹息道："这么多年，我走得很累也很难。年轻时，我有一颗奔腾的心，为实现自己的梦想和理想，毅然单飞，然而人到中年，我才惊慌地发现，从前那颗奔腾的心早已沦落为奔波的心和扑腾的心，越来越纠结，也越来越无解。有人说，三十而立，是倒立；四十而不惑，是不敢应对诱惑；五十而知天命，是知道天天都很要命。"他的感喟令我心中一凛，萧疏的霜鬓、青灰的脸色、佝偻的脊背和暗淡的眼神，全都在给出同一个结论：他那颗奔腾的心已经熄火打烊。

每一代人都会有每一代人的现实困境，奋斗也好，挣扎也罢，坚定的乐观精神和强悍的意志力总是不可或缺的，一旦滑向消沉颓唐的境地，就会留下一连串的败笔。上个世纪，中国的日子都不太好过，一二十年代时局动荡，三四十年代战火纷飞，五六十年代运动频繁，七八十年代百废待兴，九十年代到新世纪物价飞涨，应对这些困境，每一代人给出的答案都不尽相同，但有一点是肯定的，自强不息的人更容易穿越沼泽地带，意志消沉的人更接近淘汰边缘，很少会有例外。

生命不息，则奔腾的心也不熄，说来容易做来难，不断地补充能量，升级系统，更新硬件和软件，样样不可少，事事不可拖。一旦落伍和掉队，一旦迷路或反向而行，这颗心就只能折腾而不能奔腾了。诚然，哀莫哀于只折腾，悲莫悲于不奔腾，只要心犹热，血未冷，在任何困境中，我们都只会扔出白手套，而不会轻易举起白旗。

焦虑是条响尾蛇

重庆"视频门"持续发酵，涉案官员集结起来，都快要凑齐"十八罗汉"了。这次山城的官场余震源于网络反腐，倒是留下了不少看点和谈资。我们不妨随意浏览相关的帖子，嬉笑怒骂一应俱全，就像狗肉火锅添足了麻辣作料，使人胃口大开。

有人说："改革进入了深水区，反腐进入了密雷区，莫道男儿有本事，排'雷'（指雷政富）还靠女工兵！"

有人说："古有常山赵子龙，上阵就能秒杀敌将。今有重庆赵红霞，上床就能秒杀淫官。《百家姓》赵姓排第一，现在谁还有意见？"

有人说："巴东美女邓玉娇用修脚刀反抗小淫官，重庆美女赵红霞用性爱视频修理大淫官，相比较而言：前者用冷兵器，一寸短一寸险，难免'防卫过当'；后者用高科技，一回生二回熟，方便'证据保全'。进步之快捷，成效之显著，已今非昔比。"

有人说："淫官的天敌不是年轻美女，而是高清摄像头。有钱刷卡很爽，有人刷屏很惨！"

反腐乃是人心所向，扫贪已属大势所趋。这些网络评论具备理性，并没有信口雌黄。至于赵红霞的行为是否值得同情，她的举动是否构成犯罪，还有待于官方从法理层面去斟酌，社会从道德层面去推敲，现在下结论为时尚早。

官场离不开"酒色财气"这四个字，乱象百出，贪腐丛生，皆与之关联密切。醇酒陈酿用来勾兑关系，美女娇娃用来滋润身心，巨款重金用来充实账户，恶形狠态用来对付草民。这早已不是什么"达芬奇的秘密"。

某位官员酒后传真经：当官是一门高危职业，不能老想着高风险高回报，还要牢牢记住四个"不容易"：不容易交上朋友，不容易摆平关系，不容易遇上贵人，不容易抓住机遇。顶开心的事情当然是安全着陆啦。至于酒色财气嘛，与其说是享受，还不如说是治疗，那些意志薄弱的官员迫切需要治疗的是内心焦虑。酒能松弦，色能忘我，财能通神，气能壮威，没有它们从四方驰援，许多官员就算不会立马疯掉，也会慢慢垮掉。按他的说法，官员应该有一个宽松的履职环境才对，否则，他们的工作积极性难以调动，GDP就无法保持高增长。这位官员在官言官，应该说，他对酒色财气的解说相当圆通。他原本就是一位政治学博士，逻辑严密，概括力强。但他仍忽略了一点，官员用酒色财气治疗内心焦虑，就如同瘾君子靠鸦片镇痛解乏，飘飘欲仙的感觉只会引导他们疾步走向愿望的反面，直至毁灭。

重庆的多位厅官被赵小姐一一收编为入幕之宾，还成为了性爱视频里的男主角，因此中箭落马，他们付出的代价可谓惨重。

当初，他们相继瞄准赵小姐的美貌，真是为了深入"忘我之境"，治疗"内心焦虑"吗？局外人不得而知。鉴于昔日山城官场的特殊氛围，这些官员或许真的太焦虑了。但实际情形似乎并非如此，性爱视频被某位前领导下令封存后，多位事主反而因祸得福，荣升之日，弹冠相庆，焦虑纵然有之，也早已烟消云散。直到重庆市北碚区区委书记雷政富东窗事发，他们这才猛然意识到那个定时炸弹快要起爆了，因此紧张得汗出如浆，酒色财气再也治不好他们的焦虑症。

近期，国内的反腐力度加大，扫贪效率提高，已是有目共睹，厉行节约从酒宴、会议做起，公布官员财产的呼声响彻云霄。那些贪腐官员正在忙些什么？将高档别墅和股票证券过户，将巨额现金转移，将古董字画脱手，将珠玉金钻藏匿，每件事情都要争分夺秒，务必做得天衣无缝才行。倘若他们有录音、短信、邮件、日记、视频捏在别人手中，那么防线崩溃，局面失控，将会是大概率的事情。

蛇年来了。日益加剧的内心焦虑将成为某些贪腐官员无法摆脱的响尾蛇，酒色财气还能一如既往地帮大忙、济实用吗？一旦验方失灵，解药失效，"酒能松弦，色能忘我，财能通神，气能壮威"的"四能真经"就会变成莫大的反讽，他们的焦虑症势必升级为恐惧症。

蛇年确实来了。贪腐官员杯弓蛇影，惶惶不可终日。只有当他们寝食俱废，心胆俱寒，老百姓才能吃嘛嘛香，睡哪哪安。

醉乡中的"阵亡者"

毫无疑问，酒是许多人心目中的第一尤物，它可以助兴，可以壮胆，可以愉情，在某些场合，无酒不成欢，无酒不成礼。高阳酒徒们舍酒则难以快活，哪怕只是小酌数杯，亦可畅意整日。曾有某酒癫作《漫兴》一诗，虽是打油，却笔歌墨舞，"平生不解锁眉头，糊里糊涂到处游。问我功名领何职，酒泉太守醉乡侯"，如此功名，真可羡煞同好。然而谁都清楚，酒还有另外一面，它可以乱性，可以偾事，可以激惹祸端，在许多时候，它甚至会误人前程，害人性命。

在《封神演义》中，殷纣王不仅发明了炮烙酷刑，而且挖心抽肠，无恶不作，血腥暴力足够惊悚。为了跟妲己激情享乐，他开发出酒池肉林。那时，醇酒还不是高度数白酒，放在池子里很容易酸掉，浪费之大可想而知，食不果腹的臣民却敢怒不敢言。殷纣王沉湎于酒色之中，最后被周武王统领的义军团团围困，自焚于鹿台。那口酒池便从此枯涸见底了。

在中国古代，君王贪杯好色，原不足奇，但要像前秦厉王苻生那样醉生梦死倒也难得。他力大无穷，暴戾莫测，一言不合，即取人首级，甚至在酒宴上张弓搭箭，射死吏部尚书辛牢。苻生是独眼龙，"不足"、"不具"、"少"、"无"、"缺"、"伤"、"残"、"毁"、"偏"全是他忌讳的关键词，谁要是在他面前说漏了嘴，就看怎么个死法吧。东海王苻坚为求自保，先下手为强。政变之日，苻生醉眼朦胧，以为劫贼入宫，居然怪罪他们不向他恭行大礼。苻生被苻坚废为越王后，更是醉时多醒时少，受诏自尽的那一天，竟宿醉未醒，使者只好亲手将他勒毙。

论饮酒，刘伶（竹林七贤之一）秀出群伦。魏晋名士普遍喜欢表演行为艺术，刘伶也不例外。出门时，他总是让仆人荷锸相随，乐呵呵地叮嘱道："要是我醉死了，你就随便找个地方挖个坑把我埋了！"相比而言，武将上阵，叫士兵抬口黑沉沉的棺材跟着，以示有进无退，有死无降，倒显得笨拙了，远不如刘伶酒脱。他留下一篇《酒德颂》，被高阳酒徒们尊奉为圣经。"静听不闻雷霆之声，熟视不睹泰山之形，不觉寒暑之切肌，利欲之感情。俯观万物，扰扰焉，如江汉之载浮萍；二豪侍侧焉，如螺蠃之与蜾蜢。"世间那些推杯换盏、勾兑名利的人，读了这段文字，心下倒是应该存有几分羞愧的。

在现实中，某些人不爱饮酒，却总是被别人强摁牛头，时常会醉成一团扶不起的烂泥。中国的酒文化迥异于欧美的一点是：大家喝好了不算成功，喝高了才算圆满，"家家扶得醉人归"的诗句即透露了此中信息。在历史上，有的大臣甚至在酒桌上为国捐躯。北汉宰相郑珙为了谋求强势外援，抗衡后周太祖郭威，带病出使契丹，结欢辽世宗耶律阮。辽世宗善饮，但酒品、酒德都差，可怜郑珙既无宏大的酒量，又无强壮的身体，这千杯万盏的长夜之饮竟断送了他的老命。如此因公殉职，他也没捞得个"烈士"的名号，真是亏大了。

文臣醉死在酒桌上，不算稀奇，武将也着了杯中之物的道儿，就不可不提。张孝准这个名字，许多读者都会觉得眼生，可他曾与蒋方震、蔡锷齐名，清末留学日本陆军士官学校时，与蒋、蔡二人被誉为"中国士官三杰"。此人的发展受阻，功业平平，充分说明酒精比妖精的妨碍更大。1925 年 3 月，章士钊在北京宴请同乡好友张孝淮，酒席上，这位赳赳武夫极兴豪饮，酒酣耳热之际突发脑溢血，年仅四十四岁。

"醉卧沙场君莫笑，古来征战几人回！"唐代边塞诗中，这两句我最喜欢，豪迈的纯爷儿们总给人善饮的错觉。其实不尽然，我就亲眼见过滴酒不沾的将军，难怪古人要将勇士分为"血勇"、"脉勇"、"骨勇"和"神勇"四个层级，真正神勇的人是不用借酒来助兴壮胆的，荆轲刺秦王之前，就异常清醒和冷静。

最近，有一股浓烈的酒气折腾得台湾娱乐界直抓狂，那位长期混迹娱乐圈、不按常理出牌的龌龊富少李宗瑞迷奸六十多名女星，他专门选择在酒吧和夜店作案，趁对方不备，往杯中下药，然后将昏迷者弄回窝巢，实施强奸，还拍摄了大量的性爱视频。此案正在持续发酵，估计更醉人的内容还将由媒体后续披露。倘若起刘伶于九原，他还会自鸣得意地吟咏《酒德颂》吗？那些女星遇人不淑，确实值得同情，尽管她们与这名富少厮混，未必只是普通交往，个别的也可能有犯贱的成分，但以这种方式"阵亡"，失去清白，沦为"炮灰"，就未免太过悲摧了。

"俺喝的是酒，俺喝的也是明白！"请记住，这才是人生舞台上最靠谱的台词；也请挺住，别被假象迷惑了，栽个大跟头。

第二种活法：混

混字派的心目中多半只有利，没有义，见人讲人话，见鬼讲鬼话，无确定之是非，无牢靠之信仰，附草托木，夤缘求进。这种混子往往能够吃香喝辣，一旦参透个中奥妙，升官发财绝非难事。

八面玲珑

在古代官场中，有一句名言，"辊辊（滚滚）终日，斯可以衮衮诸公"，可见混世之妙用殊非浅显。因此也闹出相应的笑话。据林纾《铁笛亭琐记》所载："李合肥帅北洋时，淮军旧部晋谒求位置者，合肥色霁礼恭，则其人决无望；经合肥骂詈斥辱，大呼曰'滚'者，则明日檄下，得委差矣。因有人戏曰：'一字之滚，荣于华褒。'"李合肥即李鸿章，曾为直隶总督兼北洋大臣，被他骂一声"滚"的淮军部属才有官当，这真就不是一般的恶谑了。

近代以降，官场套路更为复杂，强人高手功力大增。谭延闿是会试抡元的贵胄公子，其父谭钟麟做过两广总督，既精明强干又顽固保守，在任内，此公干过一件颇为轰动的"大事"：镇压了孙中山、杨衢云领导的第一次广州起义，捕杀了革命志士陆皓东。然而具有讽刺意味的是，谭钟麟的儿子谭延闿却因为及时投靠孙中山而在民国军界和政坛更上一层楼，他贵为陆军上将、南京国民政府主席和行政院院长，深得孙中山和蒋介石的倚重，若非壮年归山，尚不知后福如何更进一尺。

谭延闿为人八面玲珑，其观念和主张既可谓不新不旧，又可谓亦新亦旧，上下合辙，左右逢源，竟因此博得了一个"水晶球"的绰号。这真是美了他，若按早期白话小说巧立名色的处置法，应称之为"琉璃蛋"或"油浸枇杷核"才对。在清末官场，浙人王文韶荣任军机大臣，"恒以耳聋自晦，为人透亮圆到，遇事不持己见，有'琉璃球'之目"，直到张之洞等人力倡废除科举时，此公才明确表示反对，因而极得天下寒士之敬意欢心。湘人生性狷介，多的是"有头强方心强直"的"棱角汉"，罕见智圆行亦圆的"圆人"，谭延闿却是个例外，他待人接物尽用谦恭圆滑的套路，喜怒不形于辞色，具备"逐浪高复下，从风起还倒"的软功柔术。有一事最能见出他的顶上功夫。1917 年，辫帅张勋在北京复辟，伪旨下达各省，谭延闿被授予湖南巡抚职。一时间，风向未定，形势不明，他并不急于表态。当时，有一位记者采访谭延闿，问他将如何对待"圣命"，谭延闿避实就虚，只连呼两声"滑稽"。他究竟是指自己新授湖南巡抚这件事情滑稽，还是指记者提出的这个问题滑稽？怎么理解都可以。记者已满头雾水，谭延闿却轻松敷衍过去。

圆滑的人也有内忌与否之别，外宽内忌者口头抹蜜，心头用刀，脚下使绊，谭延闿气象恢弘，是那种"宰相肚里能撑船"的人。1923年，孙中山在广州成立大元帅府，以谭延闿为内政部长。有一天，某湘籍将领求见孙中山，自称有机密大事要单独秉告，正在元帅府办公的谭延闿与胡汉民识趣，立刻退入厢房。那人进屋后，不知隔墙有耳，立刻向孙中山大进谗言，将谭延闿如何不可靠、如何不地道之类的话讲了几箩筐，孙中山捺着性子听他说完，自始至终未置可否。那位湘军将领以雷公嗓门著称，声音异常宏亮，在厢房静候的谭延闿、胡汉民不是聋子，字字句句分分明明。胡汉民从旁观察，谭延闿神色泰然自若，丝毫不恼，竟连眉头也没皱一下。谭延闿这般休休有容的雅量令胡汉民折服不已。

谭延闿除了被人称为八面玲珑的"水晶球"，还被人赞为"药中甘草"，甘草有解毒之效，可与百药配伍而不起冲突，其别名为"国老"，这是将它比喻为三国东吴乔玄那样的好好先生。在政治混乱、党派斗争激烈的特殊时期，孙中山和蒋介石都急需这样的"甘草先生"。谭延闿人缘极佳，与各党各派均无嫌隙，正好为两位领袖做一些必不可少的和稀泥的工作。谭延闿主持行政院，可谓不求有功，但求无过，他抱定的是"三不主义"：一不负责，二不建言，三不得罪人。在行政院开会时，他让大家畅所欲言，自己却闭目养神，似听非听，时不时地点一下头，手下不得要领，始终摸不清老板的意图。

在中国官场上，做小官难，难在要做实事，老鼠钻风箱——

两头受气，左右不讨好；做大官则相对容易，只要装神哄鬼，理顺各种关系就行。这方面的心得，谭延闿自然不会比别人少。有一次，谭延闿与著名律师贝元昕见面，寒暄时他照例询问对方近况如何，贝元昕的回答极其简洁，就一个"混"字。谭延闿闻言大笑，赞叹道："此言绝妙！鱼龙混杂是混，鱼目混珠也是混，混之为用大矣哉！"曾国藩的人生哲学是"挺"，谭延闿的人生哲学是"混"，都是一字以蔽之。前者的"挺"近乎儒家的精进有为，难免劳累；后者的"混"则近乎道家的清静无为，十分轻松。这就难怪了，曾国藩是个吃苦的命，谭公子却是个享福的人，他可不愿意太委屈自己。

令人贫血的谎言

只要诚实的光亮尚未熄灭，谎言就无以遁形。这样的乐观并非清醒的乐观，却是必要的乐观。如果人人心中都对此充满疑虑，谎言就会如同病菌四处漫延，虽然它们不像刀剑那样嗜血如渴，但戴着手套的重拳仍可以一击而将人致残。

政客一诺千金。这是美国公民对那些只开空头支票而不能兑现诺言的"政治家"的冷讽，各级竞选更是政客们大许其愿、大允其诺的时候。难怪一向以口风幽默而著称的马克·吐温也乜斜眼睛，立直嗓子，愤愤然骂道："国会里有些人是婊子养的！"当他被迫公开道歉、亲口更正时，则说："国会里有些人不是婊子养的！"那些谎言家还是被他骂在明处，戳在痛处。"民主"和

"自由"的绿色植被覆盖全美国，谎言的"裸土"尚且时不时地暴露出来（尤以各级竞选为烈），就遑论其它不及也甚远的国家了。说到底，无关宏旨的撒谎应属言论自由的大范畴，虽被无拳无勇的道德痛加谴责，却能得到够威够力的宪法保护，这多少有点悖谬吧。

某些缺乏幽默感和同情心的科学家，觉得这个世界闹出的乱子还远远不够多，也来插上一手，凑上一趣，他们煞费苦心地发明了测谎仪，专门用以检验政府要害部门的渎职人员。发明家极其自信地宣称道，人在撒谎时心律和脑电图的频谱会显示出异常表征，无论心智多高的人，在这方面都难以自控。如此甚好，撒谎者总算遇到了超级克星，纵然还能千变万化，也将毕露原形，跳不出如来佛的手掌心。然而，经过反复改进的精密之至的测谎仪至今仍无法取代国家庞大的监察机构，盖因机器的能力远逊于大师行家的智慧。道高一尺，魔高一丈，若长期这样拳来脚往地较量下去，那些吞云不吐雾、见首不见尾的"神龙俱乐部"成员，其撒谎（自然是弥天大谎）的水平不久就将达到宇宙间最高段位。

在《伊索寓言》中，有一则专门讲到撒谎："主神宙斯命令赫尔墨斯给世间的手艺人全部撒上撒谎药。赫尔墨斯把药研好，平均地撒在每个手艺人身上，最后只剩下了皮匠，药却还剩下许多，他便端起研钵，全部倒在皮匠身上。从此，手艺人都撒谎，而以皮匠为最。"

时代毕竟不同了，皮匠摇身一变，成了脸厚心黑的政客，职业的转换（即改行）恰恰说明，最能撒谎的人不该去操贱业。

儿童撒谎之后，常常脸红，这是因为脸皮还未若铁板坚厚，一旦他们"语翼"丰满，撒起谎来，就如同拉呱家常，甚至能把最精明的野鬼哄骗到市场上卖个天价。在早些年爆棚的美国大片《真实的谎言》里，施瓦辛格饰演的男主人公是联邦特工，不能向妻子泄露身份，便谎称是某某公司的职员，每日撒谎成为专业习惯。"谎言"之前冠以鲜明的"真实"，由此见出撒谎者与信谎者双方早已达成默契。在上了年纪的中国人看来，这只能算是小儿科，比这更"真实"的弥天大谎他们也曾见识过，"大跃进"、"反右"、"文革"时期全民参与创作的那部"葵花宝典"堪称旷世罕见的天书和文治武功的秘籍，耽于享乐的后生小子如今都已经读不明白了。

美国前总统克林顿风流倜傥，正所谓"猫守鱼摊，难忍嘴馋"，此公不耐情欲的骚动，一度深陷于"拉链门"性丑闻的烂泥潭，无法自拔。话说回来，面对莱温斯基那样经常在眼前晃来晃去而且绝对愿意投怀送抱的性感美女，硬要一位既健康又好色的壮年男子清心寡欲，显然是压抑人性。全世界的传媒起初如鳄鱼闻到了腥味，继而如青蝇逐秽，牢牢地抓住这个十分暧昧的题材，好一番"洪宣宝气"。至于那位大法官斯塔尔先生，更是不失时机，巧借克林顿为超级托儿，一夜之间名扬天下。美国国会以五项罪名弹劾总统，其中一项就是克林顿曾作伪证，虽然参议院最终投票将这最可原谅的一条搁置不提，但克林顿曾故意撒谎，则是不争的事实。想想吧，他真够可怜，一位世界上最强大帝国的总统，竟然要靠撒谎来保护自己受伤的羽毛。作伪证无疑是最虚的一招，纯属有式无用的败招。当然，也只有在美国，一位政绩显赫的总统才难以瞒天过海，若换在别处，这种"家丑"的盖子完全可以一手捂住。毛泽东当年对尼克松"水门事件"东窗事发而狼狈下台曾感到大惑不解，东西方的国情确实很有些不同。

撒谎者之所以撒谎，最初是因为胆怯和不自信，他们由撒谎得到好处后，便对撒谎产生出强烈的爱好和依赖，对自欺欺人的把戏乐此不疲。一旦撒谎的风险远远低于诚实的风险，小人、恶人、坏人和奸人就会全面得势，整个国家就将沦为他们的跑马场。这种情形在中国历史上可谓频繁出现。帝王通常是最大的撒谎者，也是最威风最凶残的角色，正人、好人、善人和义人若不想惹祸上身，就只能关起门来摇头叹息。然而撒谎终究是有代价的，良知的沦丧使一个人的灵魂永无安宁，在活的地狱里，他们面前摆着钢锯和油锅，竟要对自己使用全套酷刑。

据说，古印第安人以人血祭祀神灵，但只从舌头和耳朵上刺取血珠，在他们的意识里，说谎和信谎都是罪过，舌头和耳朵活该为此贫血。

不及汪伦送我钱

这是一个真实的故事，讲故事的人非常肯定这一点。他有个同学姓陈，跟他从小就抱团取暖，是典型的"死党"成员，某厅的正处级干部，混得相当滋润松活。平日，陈处长工作繁忙，儿子上学读书做功课的事情全交给夫人负责，他很少过问，只在期末考试后看一看通知单。陈处长的儿子学习成绩不上不下，稳居中游水平，这并没有令陈处长泄气或生气，他反而不无解嘲地说："这年月，中庸才好呢，比如在官场混，当个处长，顶多当个厅长，就够了。再往更高的方向努力，别说难于上青天，也得要命运之神特别眷顾才行。小孩子，只要长期保持中游水平，现在的升学率这么高，将来只会更高，还愁上不了大学吗？就是去国外留学也不是什么难事。"陈处长如此达观，他的想法显然影响到了儿子。有一天，陈处长没有应酬，回家的时间比平日要早，见孩子在阳台上做功课，就起了好奇心，小学二年级的孩子都学些什么呢？居然有唐诗，好啊！从小学习唐诗，能打好古典文学基础。于是，他问儿子："这些诗，老师都要求背诵吗？"儿子回答："都要背诵的。"陈处长一时兴起，就要儿子背一背李白的《赠汪伦》。儿子也不犯难，脱口就背诵道："李白乘舟将欲行，忽闻岸上踏歌声。桃花潭水深千尺，不及汪伦送我钱。"陈处长以为自己听错了，要儿子再背一遍，结果还是一样。他生气了，批评儿子："明明是'不及汪伦送我情'，怎么变成了'不及汪伦送我钱'？"儿子理直气壮地说："送情跟送钱是一回事，平常别人给你送情不都是送钱吗？妈妈给我们班主任老师送情，也是送钱，别以为我不知道。今年中秋节我同桌的妈妈给老师送钱，还跟我妈妈打过商量。"儿子这么一说，陈处长当即无语了，也不知该怎么将"情"和"钱"完全撇清，难道说古人把情义看得更重，今人把金钱看得更重？这样的观点缺乏说服力。

在拜金主义甚嚣尘上的时代，细枝末节的地方也会透露信息，小学生将唐诗背成这样子，还振振有词，这不是他的错。我们经常能从报纸和网络上看到，贪官受贿金额动辄数百万元数千万元，这钱是怎么个送法，又是怎么个收法呢？送钱才能成事，不送钱则门儿都摸不着，这早已是全社会的共识，一名小学生凭借他的观察，将这首唐诗改掉关键字眼，也算是一个小小的警示，孔方兄正在与我们争夺最后一方净土——孩子纯洁的心田。

陈处长做了一件令人啼笑皆非的傻事，他告诉儿子："李白在朝廷里当过闲官，后来辞了职，只算平民百姓一个。他是大诗人，交往的圈子由文朋诗友形成，谁也不求谁，干吗要送钱？送份情意就足够了。"为了弄得更准确点，陈处长还用百度搜寻资料，汪伦用"十里桃花"和"万家酒店"把诗仙李白诓去安徽泾县的逸事很有趣，老师在课堂上遗漏了，他也讲给儿子听。陈处长费心费力，对自圆其说已经相当有把握，以为无懈可击了。然而他八岁半的儿子并不容易被忽悠，反驳道："李白做过官，认识很多人，送钱给他就是要他向别人求情。汪伦送情还是要送钱。"左说右说说不通，陈处长恼火了，照例对儿子下达了行政命令："只许背'不及汪伦送我情'，不许背'不及汪伦送我钱'，要不然我抽你！信不信？"陈处长把狠话撂出来，这下就轮到儿子无语了，儿子那点独立思考的细嫩芽竟被他活生生地掐灭于萌蘖状态。

我听完这个故事，感觉一阵悲哀袭上心头。诗仙李白的《赠汪伦》还有这样的现代读法，真是童言无欺，绝非我们大人可以向壁虚构的。你不能说他佛头着粪，也不能说他点金成铁。那个"钱"字不押韵也无伤大雅，重要的是他说出了一个现代版的事实，就像"皇帝的新装"被一个毛孩子点破真相一样，表面看去不费吹灰之力，却是一语惊醒梦中人。

陈处长有这样的儿子，他应该庆幸才对，从此缩手不收造孽钱，也可夜夜睡个安稳觉。单从家教的角度讲，言传的效果比身教的效果差得多，他用父权压服儿子的老办法可以休矣。

啼笑皆非

诚然，历史和现实是两口超级"瓷窑"，它们能烧制出各种型号和式样的笑话。你审视这些精粗不一的制品，要确定自己有没有幽默感，或许不难；要确定自己有没有欢悦感，反而不是那么容易。喷饭，捧腹，忍俊不禁，笑不可抑，这些通常由笑话激起的反应似乎全都跟不上趟。什么叫啼笑皆非？这就叫啼笑皆非。

北宋末年，女真人大举南侵，将徽、钦二帝以及后妃宫女全给掳了去，铜驼荆棘，麦秀黍离，惨不忍睹。待到康王赵构在应天府（今河南商丘市）草草登基时，一半江山已经易主。赵构并不是天生的投降派，国难当头，他做过天字第一号的愤青，也想过与女真人较劲。在《三希堂法帖》中，就收录了他亲笔所书的《付岳飞》："卿盛秋之际，提兵按边，风霜已寒，征驭良苦。……如卿体国，岂待多言。"信任之情溢于言表。岳家军真要打过黄河，直捣黄龙府了，他却兽急鸟慌，用十二道金牌召回岳飞，以"莫须有"的罪名将他杀害于风波亭。屁股决定脑袋，自古就是如此。赵构很想收复失地，扩大版图，但他不敢冒险等待老爸和老兄被岳飞解救回国，与他争夺御座。他降旨杀害岳飞，自断鹰爪，自拔虎牙，乃是私心中的小九九作祟。这样解题，才算靠谱。何况

四种

活法

由秦桧顶着这口大黑锅，宋高宗省心省力省麻烦。南宋老百姓的日子还算好过，临安（今杭州）美景有"三秋桂子，十里荷花"，早已惊艳天下。上官苟安则下民苟活，南宋老百姓的冷幽默出奇制胜，"你有连环马，我有麻扎刀；你有金兀术，我有岳爷爷；你有狼牙棒，我有天灵盖"，从勇士榜跌到阿Q行，就只有这么两三步路的距离。"宁为太平犬，不做乱离人"，谁又有资格谴责南宋老百姓贪生怕死？天灵盖最终能侥幸逃过狼牙棒的修理，这才真叫奇迹。

清朝闭关锁国一百多年，那局酣沉似高阳酒徒的大梦被英国人的大炮震成齑粉。天朝上国的海防官兵久已不娴业务，他们初次看到英国战舰时，简直不敢相信自己的眼睛，无风鼓帆，无人操楫，偌大的船身为何能够进退自如？他们认为，这是洋毛子的邪气作祟，于是派士兵到城里和乡下广泛收集妇女的夜壶（溺器），以它们为"压制具"，放在炮台和船仓镇邪。结果是，清军的这种做法轮到英军彻底怀疑他们的常识了。那时候，中土和外洋的信息竟如此不对称，可发一噱。但夜壶是挡不住军舰和大炮的，正如义和团的护身符挡不住子弹一样，世间多有比狼牙棒更厉害的狠家伙，于是天灵盖危乎殆哉。

1916年，袁世凯的皇帝瘾并未过足，他被迫取消帝制，却死皮赖脸，还妄想干回民国总统的老本行，这种如意算盘，当然无法达成。孙中山从海外归国，在上海集结同志，发表演说，他特意讲了这样一个笑话：袁世凯登基之日，于皇后接受官员的眷属朝贺，她再三表示"不敢当"。自古以来，哪有皇帝、皇后受臣下跪拜而谦称"不敢当"的？袁世凯出身于名门望族，世代簪缨，做官确实是把好手，做皇帝却是个不折不扣的门外汉。洪宪王朝搭了个草台班子，徒惹天下人笑话。讲完故事后，孙中山提点道："吾愿革命党人，与闻国政，不作外行之事如洪宪皇后为'不敢当'语也。"于皇后在朝会时降尊纡贵，再三谦称"不敢当"，这顶多只能算失礼，天下多有"不敢贪"而贪，"不敢淫"而淫，"不敢草菅人命"而草菅人命的强梁，因此我们应该放过于皇后的无知，嘲笑她可谓毫无成就感。

前段时间，媒体上有一条确切的消息令人大跌眼镜：清华大学历史系副主任王奇在学术专著中将韦氏拼音注音的蒋介石（Chiang Kai-shek）误译为常凯申，将费正清（John King Fairbank）误译为费尔班德，将夏济安（T.A.Hsia）误译为赫萨，误译的人名比比皆是，令人不忍卒读。清华不清省，北大也白搭。1998 年，安东尼·吉登斯的《民族、国家与暴力》出版中译本，此书的译者是胡宗泽（北京大学社会学学士与硕士、哈佛大学人类学博士）和赵立涛，竟将中国家喻户晓的孟子（Mencius）译为门修斯，令读者大倒胃口。某些学者的学问肤浅至如此地步，难怪网友要调侃他们"中西灌脓"，与中西贯通永世划不上等号。自误而误人，灾梨而祸枣，今日学者闹笑话已远远胜过古代的博士买驴了。

这个世界，无论历史，还是现实，总有它极其荒诞的一面，啼笑皆非的次数多了，我们也就变得世故了，见怪不怪，当惊不惊。为何在网上拍砖的多为愤青？"愤中"和"愤老"的说法都难以成立。你尝试想一想看，也许就能释然于怀了。

不容易

　　每天清晨，只要天不下雨，我准定去小区附近的公园散步，打太极拳，这是近年形成的习惯。在那儿，我认识了几位很棒的"老朋友"。他们的年龄都比我大得多，一个个饱经风霜，阅历丰富，世事洞明，人情练达。其中，有一位徐伯，七十二岁，鹤发童颜，不仅功夫好，而且笑容可掬。我想，将"慈祥"与"和蔼"这两个词用在他身上，才叫贴切，不算浪费。我跟徐伯交往，一开始就毫无隔膜，我经常向他请教太极拳，他总是悉心指点。徐伯有一个突出的特质，那就是云淡风轻，我从来没有见过他愤世嫉俗。他的口头禅在我们这个全开放的圈子里非常有名，无论谈到怎样的话题，最终表态时，他往往只用三字经——"不容易"。久而久之，大家私底下就不再叫他徐伯，而谑称他为"不容易先生"。

　　有一天，我们谈论原铁道部长刘志军的铁案，报纸上都说他日理万机，经常开会到深夜，工作这么忙，居然还行有余力，包二奶，养情妇，连铁道部的同事都感叹老刘比贪吃嫩草的老牛精力更旺盛。大家谈论刘志军，顺便把徐伯的家门、江苏省建设厅原厅长徐其耀包养一百四十名情妇的老账扯出来清算一番，有人表示不可信，也不可理解，徐其耀的欲望再强，就算有三头六臂七十二变，也玩不转这么多情妇。还有人对贪官囤积性资源表示"同情之理解"，他们有权有钱，却缺德无耻，不腐败不糜烂才怪。那些年轻貌美的情妇作"风险投资"，有些人确实捞到了快钱，全身而退，蚀本（青春）的也不少。多年前，作风问题是天大的问题，谁敢偷腥，立马倒下，现在的官场环境无比宽松，不发现问题则已，一发现问题就吓死老实人。徐伯仍然最后一个发言，他慢悠悠地感叹道："不容易！"这三个字多解，横竖没破绽。

有一天，我们在一起比较国内的房价和物价，话题很快就扯开了。有人常出国，深明底细，只要不涉及知识产权和本国的人工，美国的物价就比中国便宜，"中国制造"尤其明显。有人调侃道，这算什么？中国人的衣食住行成本高，是因为大家不差钱。最牛逼的地球人是中国城市居民，从早到晚密集接触毒食、毒饮、毒气、毒尘，要焦虑的事情一大堆，平均寿命却仍在顽强地攀升，尽管有不少"癌症村"，但"癌症城"还没听说过。中国人绝对是地球上最顽强的物种，恐龙早已灭绝，龙的传人则永存不灭！听到这儿，徐伯又感叹道："不容易！"

其实，我早就注意到，要从徐伯嘴里套出比口头禅"不容易"更丰富的内容，还真不容易。究竟是他守口如瓶，言不由衷，还是他圆滑世故，喜欢打"太极拳"？我一直想找个合适的机会探明底细。

几天前，我故意迟些离开，陪徐伯去看紫薇花，他是园艺高手，对各种花卉如数家珍。周边没了旁人，我就放胆问道："徐伯，我跟您交往都快三年了，心里始终有个疙瘩打不开，您用'不容易'三个字评价一切人和事，这是不是太简单化了？算不算自我保护的策略？我的问题有点唐突，请您千万别生气。"徐伯闻言大笑，他说："生气？你见过我生气的样子吗？活到这把年纪，什么残忍的、痛苦的、龌龊的人和事我没见过？多年前，我也是愤青、愤中，后来恍然大悟了，也就心平气和了。'不容易'，这三个字可不简单，你必须具备悲悯心和同情心，才会认识到善人行善不容易，'一人向善，震动十方世界'，恶人作恶也不容易，他们冒着堕入地狱的风险去走那些旁门左道的路子，干那些缺德无耻的勾当。表面看去，他们活得体面风光，可实际上，他们装神弄鬼，倒不如平凡的善人活得心安理得。一个人，无论他如何挑边站队，行善都要顺命，作恶都要赌命，顺命的不容易掌握方向，赌命的不容易把控风险。不用活到我这把年纪，你就会心里点香灯，明明白白，清清楚楚，'不容易'三个字真不是那么简单。说到自我保护，那倒是你多疑了，一个退休老头，无权无势，无欲无求，我还用得着患得患失？"

我头一次听徐伯不间断说这么多话，他出语诚恳，说理透彻，"不容易"确实内涵丰富，我还要深入参悟才行。好在徐伯已给我打开了一线门缝。

五鬼闹心

世上本无鬼，猜疑和迷信的人多了，便有了鬼。清朝乾隆、嘉庆年间的布衣高才张南庄用吴方言写了一部专讲鬼故事的书，名叫《何典》，借阴间鬼说阳间事，他驱遣笔下四十多个有名鬼（如活鬼、死鬼、野鬼、冤鬼、酒鬼、色鬼、催命鬼、饿杀鬼、冒失鬼、大头鬼、替死鬼之类）和许多无名鬼，合演一台滑稽剧，令人捧腹之余，颇得一番愤世嫉俗的宣泄。难怪新文化运动的大将刘半农先生竟会乐颠颠地点校此书，付梓前，还特意恭请鲁迅先生撰写《题记》。

我不相信人世间有鬼，却相信人心中有鬼，这岂不是自相矛盾吗？人心中的"鬼"，只是个隐喻，概乎言之，这深藏心窟的五鬼个个爪牙锋利，不好对付。其名目分别是：势利鬼、贪婪鬼、虚荣鬼、懒惰鬼、抱怨鬼。你可能不以为然，另外开出长单，但我固执地认为，这五鬼最为糟心和闹心。

势利鬼性情活络，人缘极佳。有论者早就指出，仇富仇官的行为原本是反人性的，因为势利鬼绝对不允许这类事情发生。熙熙者为名，攘攘者为利，跃跃者为权，那些得到了入场券的人固然持久热衷，那些没有得到入场券的人也差不多个个都有羡鱼情。有道是"一朝马死黄金尽，亲者如同陌路人"，苏秦的嫂子前倨而后恭，就因势利鬼作祟。世间不为五斗米折腰的人尚且罕见，敝屣富贵、粪土王侯的人就更是大白天打灯笼也难寻，至于嫌贫爱富、趋炎附势的角色，又何劳海选？势利鬼在旷野和沙漠中大叫一声，就准定应者云集。

贪婪鬼会吊胃口，能煞风景。"人心不足蛇吞象"，这说法并无夸张的成分。两千五百年前，本土哲人老子就反复劝导世人"知止不殆"和"祸莫大于不知足"，但人们更愿意偏信"欲望是人类进步的原始驱动力"这句洋教言。在澳门赌场和拉斯维加斯赌城，不少赌徒狂输；在股市、期市，许多炒手巨亏；在商界、官场，大量牛人猛栽跟头。贪婪鬼究竟做了哪些缺德带冒烟的坏事？它只须引导世人玩玩填空游戏，就一劳永逸了，填的那个"空"居然是无底的欲壑，难不难啊？填过海的精卫知道，地球人也都懂的。

虚荣鬼懂得打扮，擅长涂鸦。它让许多人为了赚出镜率，登排行榜，上名人录，拼 GDP，忙得不亦乐乎。让许多人为了获取某个空头衔、某个滥职称、某个屁奖项而不惜劳神费力花钱走门子。让许多人为了得到一句夸奖和表扬而殚精竭虑，或者挥汗如雨。虚荣鬼教你爱美，于是整容隆胸；教你炫技，于是到处显摆；教你夸口，于是自我膨胀；教你矫情，于是当众出糗。虚荣鬼能给人幻觉，也能给人痛觉，到头来，虚荣一钱不值，连个开心的哈哈都换不回。

懒惰鬼最安静，却也最难缠。说它安静，是因为它并不喜欢捉弄人，也不会搞出太大的响动，有点像冬眠的蜇蛇。说它难缠，是因为它能让你什么都不想做，行动力大打折扣，就像是得了一场重感冒，慵慵的，恹恹的，对什么事都没兴趣，不想吃早饭，不愿锻炼身体，这情节算轻微的了，情节严重的会啃老败家，游手好闲，荒废一生光景。懒惰鬼使身体发胖，美其名曰发福；使机会溜号，美其名曰舍得；使梦想落空，美其名曰实在。懒惰鬼跟贫和病关系最为亲昵。

抱怨鬼最喜欢讲话，总是滔滔不绝，喋喋不休。它教人把两样东西永远压入箱底，不再理睬它们，一样是反省精神，另一样是理解能力。倘若短缺反省精神，就容易把自己的失败一揽子归结为社会的薄待和恶遇。倘若匮乏理解力，就不难放大艰难困苦的坏处。抱怨鬼只怂恿人挑这不好，骂那不行，压根就没打算教人去改变现状，干出实绩。抱怨鬼总有办法叫人相信，喷出内心的不满就能施展魔法，春风又绿江南岸。

五鬼闹心之作为如上描绘，已见基本轮廓，问题是，我们如何处置它们？如何降低其损害？依我看，必须各个击破，才能够奠定胜局。对付势利鬼用平等心，对付贪婪鬼用知足心，对付虚荣鬼用澹泊心，对付懒惰鬼用上进心，对付抱怨鬼用宽容心。那么我们应该如何具体操作？这仍是一道艰深的科研课题，要完成它，绝不会是一项轻松的任务，因为这五鬼普遍藏匿在于人心之中，若套用先哲王阳明的句法，改动两字，即可谓之"破山中贼易，驱心中鬼难"。

身份成谜

金岳霖忘性大，大到什么程度？有时连自己的姓名都会忘记，为此他多次向旁人求助。但他从未忘记过自己的身份是大学教授，从未荒旷过一堂逻辑课。这方面的事迹有他的朋友、学生的回忆文章为证。可见身份意识之牢固。

一个人越成功，他（她）的身份色彩就会越斑斓越驳杂，在一个官本位至上的时代，除了实职、虚衔，还要加上"委员"、"代表"，一张折叠式名片很难一一揣下。顶不济的普通人也能拥有多重身份，而且有的身份还会虚高到吓人一跳的程度。比如说，你去商场购物时，真实的身份是顾客，虚拟的身份是"上帝"。这靠谱吗？我估计，你心里"咚咚咚"直打鼓吧。"上帝"化千化万，营业员天天看着他们来来往往，早就不觉得神秘和稀奇了，她们未必肯给你好脸色瞧，你若只挑不买，她们还会啧有烦言。

又比如说，你去衙门里办事，你真实的身份是老百姓，虚拟的身份却是"主人"，那些掌握着大小印把子的官员居然只是"公仆"。某些高贵的公仆对卑微的主人缺乏善意，若没有结结实实的红包可供笑纳，该办的事就总是拖而不决。你能怎么着？这"主人"当得真够窝囊的。有位女作家曾撰文《但愿我是你的熟人》，她认为，出门购物办事，与其做个空有其名的"上帝"和"主人"，倒不如做个实有其惠的熟人，熟人所能享受到的热情服务又岂是"上帝"、"主人"能够染指分羹的？

反身份生存是这个社会的一大特色。顾客真的是"上帝"吗？商场保安若怀疑"上帝"偷东西，就可以强令他（她）脱光衣服接受搜查。那些高呼"我爸是某某"、"我爸是某某某"的官二代之所以格外嚣张，格外骄横，就因为他们的老爹是公仆，但愿这趟脑筋急转弯不至于使你在岔道上翻车。

法国思想家伏尔泰曾说："在仆人的眼中从来就没有英雄。"同理可得，"在某些公仆的眼中从来就没有主人"，设身处地想一想，又有何不可？

某些身份只是忽悠人的，你若当真，主人翁意识过于强烈，去奋起神勇力争"上帝"和"主人"的权益，就势必会伤肝伤肺伤脾伤心，除非有特别的意外（大媒体仗义执言，更高级的公仆强势介入），否则你休想吃到又香又甜的好果子。

当官本位高于法本位和理本位时，讲法讲理的代价就会远远高于讲关系讲情面的成本。反身份生存有何妙用？那你先得参透《红楼梦》中的两句诗："假作真时真亦假，无为有处有还无。"

身份置换往往令人啼笑皆非，历史上有不少这样的显例。梁武帝萧衍四次去同泰寺出家做和尚，让朝臣破费巨亿为他赎身，如此佞佛却全无福报，侯景作乱，他被囚禁于台城，活活饿死。明熹宗朱由校不喜欢做皇帝，长期荒废政事，在宫中扮演小木匠，死得跟他老爹明光宗朱常洛一样蹊跷。爱德华八世迎娶辛普森夫人，放弃王位做情圣，因为涉嫌与德国纳粹玩暧昧，被英王乔治任命为巴哈马总督，多少带有流放的性质。官再大也大不过皇帝和国王，他们对自己的身份尚且拿捏不准，其他人就可想而知了。

港产大片《我是谁》自有其引人入胜之处。突击队员杰克（成龙饰演）在一次空难中侥幸生存，由于失忆，他的姓名成谜，身份成谜，被高层陷害，遭同行追杀，简直太苦逼，也太牛逼了，他凭借过人的机智和武功杀出生天，终于弄清了事情的来龙去脉，揭穿了谜底，摧毁了阴谋集团。失忆确实能给人带来极大的困扰，丢失身份即意味着危险重重。"我是谁？"这是杰克亟待解决的难题，又何尝不是你我应该反复琢磨的三个字？你对自己的身份果真很有把握吗？难道没有一丁点危机感？

康有为自我标榜为"圣人"，王尔德自我标榜为"天才"，他们这样做是没用的，身份的确认终归由社会说了算，由掌握话语权的当轴者说了算，个人无能为力。中国大地上的各类霄壤之别岂不就是这样形成的吗？你可以故作潇洒，漫不在乎地说："神马都是浮云，身份也不例外。"但这片浮云能够孕育冰雹和霹雳，谁还敢掉以轻心？

就在今天晚上，一位文友向我推荐英国作家阿兰·德波顿的《身份的焦虑》，这书名我喜欢。现代人要处理好自己的多重身份，确实是一个难以完成的任务，而焦虑能够轻易找到每一个人的地址。

我不是故意的

在刑法范畴内，犯罪动机是一个不容许绕开和疏忽的案件要素，"犯罪人实施犯罪行为的内心起因或思想活动"在很大程度上决定着其犯罪性质，主观恶意将会导致量刑从重。"我不是故意的"，某些犯罪人以此为自辩词，试图达到减刑的目的，采信这句话的法官就需要具备冒险家的勇气和信心才行。

我们不妨看看那些马路杀手撞人之后的"出色表现"：自知醉驾，赶紧逃逸；不肯送医，索性将伤者辗毙；害怕担责，竟然拔刀捅死对方；无意救助，而是忙于制造虚假现场；继续狂奔，将伤者拖曳数十米、数百米、数千米……应该说，在这些理应归入刑事案的车祸中，除了极个别的案例是报复杀人外，马路杀手起初都没有撞人的主观恶意，但他们撞人之后，戏码全变了，逃逸、再次施加伤害和反复加重伤害程度，毫无疑问，全是故意为之。这类刑事案，法庭通常会以"故意杀人罪"和"严重妨害公共安全罪"判处犯罪人重刑乃至极刑，药家鑫案就是显例，由于其撞人之后对受害者张妙连捅八刀的手段令人发指，就算投案自首也不能为他争得一线生机。从"我不是故意的"到"我就是存心的"，二者之间最短的直线距离还不足一微米。

在伤害程度原本可控的情形下，为何顷刻间会发生这种从人到兽、从人到魔的伦理惨变？究竟是犯罪人理智缺失，还是他们良知塌陷？答案不会太简单。某些犯罪人极端冷血，其"心理肌瘤"值得切片分析。近年来，弱肉强食的丛林法则比所有的潜规则都表现得更为恣睢暴戾，导致一部分人心理变态和行为失范，同情心日益衰竭直接造成可怕的后果：行蛮，耍狠，使刁，逞强，炫富，斗气，角力，拼爹，拉帮结派，凌弱暴寡，霸王硬开弓，用权如用屠龙刀，这些现象愈演愈烈。某些人眼中只有利益，心中只有自己，既不肯设身处地为他人的境遇着想，又不愿掏出本钱弥补过失，于是乎他们就忍心而且狠心地逃逸、再次施加伤害和反复加重伤害程度。与车祸相关联的恶意犯罪危害人身安全和社会和谐，应该还有比它的伤害面积更大、伤害程度更深的过激行为，或强悍或隐蔽地存在着。各种各样的罪案发生后，总有人理直气壮地为自己辩护——"我不是故意的"，技术含量更高的回答则将"我"置换为"我们"。

凌弱暴寡绝不是义者所为和仁者所为，真正的强者也往往悲悯众生，怜惜弱者。孟子说："无恻隐之心，非人也；无羞恶之心，非人也；无辞让之心，非人也；无是非之心，非人也。"社会的丛林法则有别于自然的丛林法则，它意欲凌驾于现代文明之上，将人类改变为恶狼，改变为野兽，打着"物竞天择，适者生存"的旗号，造成弱肉强食的铁局。

整个社会都有必要消减暴戾之气，增添祥和之风，将利益驱动的"油门"适当松开一点，而不是狠踩不放。凡事过犹不及，谁要是不顾一切去趋利避害，结果就很可能会走向愿望的反面。"我不是故意的"，而你实际上就是存心的，乍看上去，二者互相矛盾，但从时间节点上来观察，它们彼此邻近，竟可以一环扣一环。

行笔至此，我忽然想起一个遥远的历史故事：1793 年 10 月 16 日，法国国王路易十六的王后玛丽亚·安托瓦内特被送上断头台。行刑之前，王后不慎踩到了刽子手的趾尖，她立刻道歉："对不起，您知道，我不是故意的。"这是她留在世间的最后一句遗言，被时人和后人演绎出多种版本。有人说，贵族就是贵族，面对死神，她仍能从容自若，礼貌端端；有人说，王后就是王后，这位"赤字夫人"确实干过许多糗事，讲过不少蠢话（比如"穷人没有面包，怎么不吃蛋糕"），但在众目睽睽之下、身首分离之际，并未方寸大乱，这很了不起；也有人说，她故作镇定，死到临头还要作秀，实际上衬裙都尿湿了。这末后的猜测怀有主观恶意，应该属于谣言。一个人，在鬼门关的闸口前，居然为自己误踩刽子手的趾尖当众道歉，至少可以肯定一点，这是她本能的反应，教养犹存而人性未泯。

　　如果你能够证明自己悲天悯人，犯下过失甚至罪行后，立即采取措施去补救，你再为自己辩解"我不是故意的"，其可信度就不会奇低，质疑声就不会鼎沸。

欲海无涯早回头

　　今年夏天，我在杭州休假，住处离灵隐寺仅有一箭之遥，寺后是杭州的制高点北高峰，登山便成为我的日常功课。峰顶有一座灵顺寺，明代才子徐渭赞之为"天下第一财神庙"，寺内供奉的是五显财神。在山巅，我俯瞰杭城全景，自然而然想起一个人，他就是民间称道的文财神陶朱公范蠡。儒家尊崇孔丘为圣人，商家则尊崇范蠡为圣人（连《养鱼经》都挂在他名下）。孔丘在文庙中啃食冷猪头，范蠡则在财神庙里享用时鲜花果。孔丘徒以空言流传后世，范蠡则以实绩彪炳青史。越王勾践困守会稽，卧薪尝胆，得益于范蠡的辅佐和文种的经营，"十年生聚，十年教训"，最终实现复仇大计，吞并吴国，称霸诸侯，范蠡居功至伟。绝妙的桥段是，范蠡激流勇退，与西施泛舟五湖，这个真假莫辨的传说为他加分最多。范蠡智虑周全，人脉极广，他离开越国，卜居定陶，以经商为业，不过数年时间就富甲天下，三次聚财，三次散财，自始至终他都是金钱的主人。

范蠡的长处何在？他掌控欲望的能力远远超过一般智者，灭吴之日，他功成不居，就决意淡出，自求多福之余，他还记得写信给好友文种，劝他及早抽身：

"吾闻天有四时，春生冬伐；人有盛衰，泰终必否。知进退存亡而不失其正，惟贤人乎！蠡虽不才，明知进退。高鸟已散，良弓将藏；狡兔已尽，良犬就烹。夫越王为人，长颈鸟喙，鹰视狼步；可与共患难，而不可共处乐，可与履危，不可与安。子若不去，将害于子，明矣。"

可惜文种没有听从范蠡的善意规劝，终于招致越王勾践日甚一日的猜忌，落得个挥剑自刎的凄凉结局。

汉朝的开国元勋张良与范蠡才智相埒，经历颇为接近，这位大智者"运筹帷幄之中，决胜千里之外"，曾令汉高祖刘邦赞不绝口。张良也是功成身退，封侯之日即尽卸仔肩，悠游于林下，乐得与岩穴隐逸之士相往还。很难想象，一位热血书生，年轻时以重金召募大力士奋掷大铁椎狠砸秦始皇座驾，成熟后会变得如此淡定平和。但张良拗不过吕雉的屡次恳求，为她出谋画策，帮她稳固皇后的地位，四皓之计虽成，却险些惹火烧身。张良有重作冯妇的嫌疑，远不如范蠡撇得那么清，做得那么干净。但张良入局不深，刹车及时，收束欲望，不曾让它失控，这一点，相比深谙兵法的韩信，还是要高明许多。

人类的欲望，不难在一时控驭得好，而难在一生控驭得牢。我们熟读历史，细察现实，就会发现许多"半截人"，他们曾经主宰过欲望，最终却沦为欲望的奴仆。马失前蹄，伤筋动骨，尚属幸运；头破血流，竟至于身败名裂的，居然不在少数。

吕不韦原本只是一介商贾，应付"欲望号街车"，可谓驾轻就熟，他使出的不少高招，胜过一切教科书：忍痛割爱，将情侣赵姬作为礼物赠送给秦国王子嬴异人；一掷千金，巧妙打通华阳夫人的关节。吕不韦做风险最高的政治投资，不计血本，不怕亏空，那种翻手为云、覆手为雨的功夫，绝大多数富家翁照葫芦画瓢都学不来。嬴异人（子楚）继位后，吕不韦如愿以偿，荣任秦国的宰相，百倍千倍地收回了当初的投资。然而他被巨大的成功冲昏了头脑，干出了一些令人侧目的事情：与王太后（旧情人赵姬）私通，纵欲；集合书生修纂《吕氏春秋》，贪名；将嫪毐荐入宫中，就不单纯是为了保权，还有侥幸避祸的意思了。凡此种种，他的欲望逐步失控，直到不可收拾。下场如何？已不待卜筮而可知。

今夏，我在杭城参观胡雪岩故居，再次找到典型例证，晚清红顶商人胡雪岩（慈禧太后曾赏给他黄马褂）盛极而衰，也是败在欲望失控上。胡雪岩的智商和情商远远超逾常人，这毫无争议，他妙手频出，资助落魄书生王有龄登上青云之阶，为左宗棠筹措平疆的巨额军费，置办军需物资。然而就是这样一位多财善贾的精明角色，却也会利令智昏，在洋贷款（军费）的利息上暗做手脚，大吃回扣，这个硬把柄一旦落在仇家手中，就足够他败落谷底了。台湾师范大学教授曾仕强在央视百家讲坛讲胡雪岩，他特别痛惜这位红顶商人读书少，其实，"刘项原来不读书"，从古至今，干大事的人就没几个是真正的读书种子。

参观者歆羡胡雪岩用金丝楠木构筑豪宅，艳羡他娶得十几房姨太太，以陈词滥调怅叹"富不过三代"，殊不知欲望失控才是胡雪岩的最大败因。

失控的欲望总会划出相似的抛物线图形：欲望积聚——欲望涌动——欲望释放——欲望升级——欲望膨胀——欲望倾覆。一半源于内因，另一半源于外因，他们树劲敌，掰铁腕，下险棋，不败不休。吕不韦的对头是秦王嬴政，胡雪岩的冤家是强梁李鸿章，一旦这些冤家对头瞅准要害，发射毒镖，就会见血封喉。欲望失控者必先理智破产，自昏，自乱，自诛，倒提宝剑，授人以柄，最终由猎人沦为猎物。

我们也不妨看看当代一些贪官污吏的人生轨迹，例如杭州市原副市长许迈永，诨名"许三多"，钱多，房多，情妇多，贪贿所得过两亿，终因欲望失控（至少也是隐因之外的显因）而招致倾覆。贪婪，贪婪，不知餍足的贪婪，会将人的灵魂殄灭在地狱里。在每个人心中，都有一位天使，也都有一个魔鬼，当魔鬼占据绝对上风时，天使爱莫能助。贪婪只会带来昏聩和疯狂，那么多的情妇、豪宅和钱财，终归不是他们能够消受的，欲壑就是通向地狱的门户，他们直线堕落，连一根悬崖边的小树枝也别想抓着。

欲海无边，回头是岸，大智者都怕醒悟太迟，何况中智者和下愚者。

欺世盗名者自贻伊戚

2011 年 8 月 16 日上午 10 点刚过，同城好友给我发来短信："确切消息，今晨 7 点半冯伟林被省纪委双规。"这天不是西方的愚人节，同城好友平日也不喜欢信口开河，因此消息的可靠度不会低于百分之九十九。

冯伟林是"从四品"官员、湖南省高速公路管理局一把手，特别喜欢与作家打交道，单看他文质彬彬的形貌气质，确实比书生更书生，比文人更文人。他是肥局的长官，通兼省城多所大学的教授、研究生导师，某些势利之徒不待招呼就屁颠屁颠地跑去簇拥他巴结他（那股子趋之若鹜的劲头令人一饱眼福），将臭脚捧为三寸金莲，洵在情理之中。这些年，冯伟林著作等膝，各路"高手"拍马赶到，对他的光辉成就大吹法螺，尊崇他为不伦不类的"新儒生散文家"的头号代表（冯伟林曾在文章中大言炎炎地声称，"我的生命不是从四十年前开始的，是从三千年前就开始了"，屈指算来，他比孔子大几百岁，应该是儒家开山鼻祖才对，马屁精们称赞他为"新儒生的代表"，无乃过谦，实不伦类），这也是题中应有之义。冯大官人在北京和长沙都举办过高规格的作品研讨会，红包（用公款不必吝惜）越厚就越能使那些评论家如鲠在喉的真话绝迹无声。

令人费解而又耐人寻味的是，这位当代官员作家不分公私场合，特别喜欢标榜其高海拔的精神境界，不厌其烦地强调"书生报国"是他的人生理想。在办公室的正墙上，他悬挂了一幅明代《官箴》："吏不畏我严，而畏我廉；民不服我能，而服我公。廉则吏不敢慢，公则民不敢欺。公生明，廉生威。"冯大官人意犹未尽，还发表过《廉洁是对父母最大的孝顺》、《没有廉政就没有和谐》等"快掷人口"的讲话，通过纸媒和网络的双向传播，一度使那些天良未泯的处级、科级干部找到了人生的真北。冯伟林不仅是省城高官，还俨然是社会贤达，他以双重身份频频出镜，戏味之醇厚，戏分之丰足，殆非语言文字可以形容。

2010 年 9 月，冯伟林的妻子易杏玲因涉嫌股票内幕交易和贪污受贿被湖南省纪委双规，彼时坊间就盛传冯大官人很快将"妇唱夫随"，"一江春水向东流"，但种种迹象表明，他仕途无碍，文运正昌（险些就将鲁迅文学奖笑纳囊中）。一年后的今天，冯大官人仍不免东窗事发，据知情者透露，其问题之严重绝对超出常人的想象。

我与冯伟林素无盅酒杯茶之缘，道不同不相为谋。几年前，他参评本省的某个文学奖，我是评委之一，算是正面领教了他的"非凡功力"。在阅评过程中，李元洛先生举报冯伟林的随笔集《与历史同行》抄袭他的《宋词之旅》达十七处之多，最狠一处抄袭了大约两千字，连标点符号都原封未动。评委们看完铁证，个个满头雾水，既然冯伟林抄袭了李先生的文章，为何还斗胆将此书寄赠给失窃者？莫非是为了炫耀巧取的技艺和豪夺的威权？盗亦有道，不当如此。本省文坛有一位"福尔摩斯"，他绞尽脑汁，穷数日工夫，最终作出了此案的研判分析：冯伟林的书必定是请人捉刀，刀手拿钱偷懒，缺乏职业道德，四处抄撮，连窝边草也当成了可口的干粮。冯伟林日理万机，竟被刀手蒙在鼓里，所以做出了倒提宝剑、授人以柄的蠢事。应该说，这位"福尔摩斯"的分析八九不离十。何以见得？嗣后不久，冯伟林就使出浑身解数来应对这桩"突发事件"，在一篇公开发表的文章中感谢李元洛先生就像慈父一般爱护他。此招虽靓，知情者仍不免掩嘴偷笑。

本省文坛出了这号丑闻，众评委也确实左右为难，君子与人为善，大家不愿意坏了冯伟林的官声和文名，于是暗中放他一马。冯大官人吃下了定心丸，从此恬然如故，只当没发生过抄袭这回事情，继续欺世盗名而乐此不倦。马屁精们则攻克难关，以核心技术研制出"新型助推火箭"，一举将冯伟林送入了"文学大家"的太空轨道。

当初，评委们若及时给予冯伟林一记当头棒喝，或许真会坏了他的文名和官声，但也很可能使他知耻而惕，知过而悔，而不至于泥丸走阪，出现眼下这种不可收拾的全面崩盘。诚可谓"保护不当，适得其反"。

对于官员写作，我并不像某些老先生那样内心充满了本能的抵触情绪。古代科举取士，官员和文人乃是硬币的两面，分合皆宜。陶渊明不为五斗米折腰，毕竟做过彭泽县令；李白"安能摧眉折腰事权贵，使我不得开心颜"，毕竟做过翰林供奉；苏东坡"长恨此身非我有，何时忘却营营"，毕竟历典八州，还做过短期的礼部尚书。他们的诗文如何？就不用我哓哓费辞了。但有一个事实难以回避，当代官员的才学无法与古代官员的才学等量齐观，同日而语。除此之外，某些官员过度缺失真诚，也是为人为文的大忌。他们理应明白：做人贵诚，作文也贵诚，"精诚所至，金石为开"，"无诚而欺，鬼神击脑"。官样报告不妨忽悠，还会有人鼓掌，有人献花，官样文章乏善可陈，则人嫌狗不理。未落马前，贪官李大伦曾在一篇文章中深情感谢母亲多次谆谆告诫他"小时偷针，大时偷金"，使他知所警惕，受益无穷，早早地就明白了"苟非吾之所有，虽一毫而莫取"的道理。结果呢？郴州窝案告破，这位"妈妈的孝顺儿子"贪污受贿数千万元，当众狠抽了自己一顿响亮的耳光。

《中国经济周刊》记者曹昌撰写的报道《湖南省高管局局长冯伟林：书生报国真伪》令人大开眼界，一个装神弄鬼的"新儒生"形象跃然于字里行间。文中有这样一句话耐人咀嚼："湖南省高管局部分官员喟叹：（冯伟林）人格分裂如此，几与平日里所呈现的善良、博学、廉洁、气场大、视野开阔判若两人！"你必须承认，冯大官人昔日瞒天过海的段位不低。

刘长春、冯伟林先后演出了从官员作家到阶下囚的大戏，回头瞧瞧他们昔日的成绩单，堪称靓丽悦目，冯伟林和刘长春获得过冰心散文奖，先后进入过鲁迅文学奖提名者之列，这种"不俗的礼遇"是许多潜心创作的优秀作家终其一生也未曾享有的。其中到底有没有猫腻？就看你有没有想象力了。逗趣的是，中国作协已经取消李凤臣、刘长春等多位贪官作家的会籍，冯伟林的会籍会不会保留？我们拭目以待。彼辈在官场弄出了异样的响动，此前在文坛捞取的荣誉光环还是否经得起推敲？你只须留意那些不见兔子不撒鹰的马屁精是否还照旧撰写评论吹捧这些倒运的官场作家，就能知晓究竟。

欺世盗名者可以得逞于一时，却不可能摇身一变，成为二十世纪初最擅长逃脱的魔术大师哈里·胡迪尼。冯大官人逃不脱，等着他的结果已毫无悬念，只可能是身败名裂。可怜他在名利场中白白做了一回狂掰苞谷的猴子，权名利色都曾捞足，到头来仍是竹篮打水一场空。这种悲剧显然还没有谢幕，某些官员作家迷途未返，仍在步其后尘。

第三种活法：拼

真正意义上的拼字派选手，无论在何处打拼，都是能够豁出性命的勇士，具备冒险精神、牺牲精神和一往无前的气概，"要死卵朝天，不死变神仙"，可谓豪迈斩绝。然而他们拼什么也绝对不会蠢到和衰到与人拼爹。

吹尽狂沙始到金

你胆量大，可能找得到神农架隐藏的巨足野人。你运气佳，也可能寻得见 UFO 遗落的双胞胎外星贝比。但我可以百分之百地断定，你绝对找不到一个（仅仅一个）从未说错话、从未做错事的大活人。

在自然世界里，人类堪称最智慧的灵长动物。在社会组织中，个人也是最活跃的单元细胞。但这并不能保证任何智者为人行事时时处处都能有正确无误的认识、精确无差的判断和准确无失的把握。出错和犯错在所难免。人的一生就是不断犯错的过程，也是不断认错、纠错的过程，总有吃不完的堑，长不完的智，吸取不尽的教训，积累不够的经验。凡是自我标榜一贯英明、从未犯错的世内高人，若非他刚愎自用，就一定是狂妄之极。

"人非圣贤，孰能无过？"

其实圣贤同样会犯错，甚至会犯下大错、特错之外的低级失误。就说孔夫子吧，他是儒家鼻祖，后世不计其数的徒子徒孙将他尊奉为"素王"和"至圣先师"。他身处乱世，痛心礼崩乐坏，执意克己复礼，他周游列国，兜售仁义道德，可谓不遗余力。然而他四处碰壁，几度受困，郑国人甚至当着其门徒子贡的面嘲笑他为"丧家之狗"。孔夫子为什么会沦落到如此地步？就因为他的判断打了个大漏勺，在一个武力称雄、威权至上的时代，他倾情推销的仁义道德一钱不值。他向那些动物凶猛、内心阴暗的君王发表"仁者爱人"的高论，简直无异于对牛弹琴。他面对错误的对象，在错误的时间、错误的地点推销仁义道德，这本身就是向和尚推销梳子，向爱斯基摩人推销扇子，他终于把自己逼入死角，弄得恓恓惶惶的，弄得灰溜溜的，也就在情理之中。屡次受辱受挫后，孔子改弦易辙，调整思路和方略，端坐杏坛，有教无类，收纳三千门徒，悉心传授六艺，得天下英才而教育之，培养出七十二贤人，极一时之盛，垂千古之范，这才是回归正途，这才算纠错成功。

一个人认识自己的失误，及时总结教训，亡羊补牢，永远都不算晚，不算迟。春秋时卫国的精英、孔子的好友蘧伯玉，"行年五十而知四十九年之非"，他反省之深，对自己要求之严，远远高出当时的名士。"过而能改，善莫大焉。"没有谁是完美无缺的，没有谁是一贯正确的。大人物容易犯大错，小人物容易犯小错。小人物犯大错，纵然酿成伤身致命的祸患，毕竟荼毒不广。大人物收天下之铁，铸成大错，则可能贻害千秋。我们只要翻开历史的黄卷，就不难看到，大人物的大错通常会造成生灵涂炭、哀鸿遍野的惨局，皇帝的"罪己诏"多半只是漂亮的幌子，死不认错的昏君和暴君一挼一长串，因此中国历史上很少有经得起推敲的太平盛世。小人物不免是被动的，他的幸福首先仰赖于上面的大人物尽可能少犯错误，少犯大错误，他自己呢，也要做好那几道关键的选择题，别交错了友，别娶错了妻，别嫁错了郎，别入错了行，最重要的是，别明知是错，还要将错就错，一错到底，以至于将自己的生活弄成一个无法收拾的烂摊子。

人的一生多半由错误构成。这话似乎很消沉，很悲观，很令人沮丧，其实不然。

一个人成功与否，幸福与否，这要视乎他的判断能力、行动能力、纠错能力的强弱和运气的好坏而定，他认识错误的程度越深，犯错之后的补救越及时，纠错越到位，获取成功和幸福的机率就越大。智慧的人能从一连串的小错中分辨出正确的路数，愚蠢的人则将一连串的小错零存整取。所以说，不能记住以往教训的个人是失败的，也是悲哀的；不能记住历史教训的民族是落伍的，也是不幸的。

不忧黄沙一吨，且喜黄金一克。错误即黄沙，正确即黄金。"吹尽狂沙始到金"，怎么个吹法？如何从一吨错误中找获一克正

确？如何从多次失败中捕获一次成功？对此，言人人殊，莫衷一
是。但法门是相通的，那就是：别闷头闷脑地蛮干，先看清前后
左右，多参照古今中外，前人坠入过的巨坑深谷，你不要再失足；
前人烫到过的烈火沸汤，你不要再失手。真正的大成就者，他们
的高明之处并非不犯错误，而是不重蹈前人的覆辙，他们另辟蹊
径，就算走错了路吧，也能欣赏到异样旖旎的风景；就算办错了
事吧，所收获的一大把教训也能兑换到比黄金更宝贵的觉悟。

股市的"虐恋"

多年前，我看冯小刚执导、葛优主演的影片《甲方乙方》，
其中有个桥段很逗趣：某大款日子过得太舒爽了，反而感到美中
不足，于是他找到"好梦一日游公司"，要扎扎实实做一回"吃苦
梦"。帮别人圆梦是葛优的本职工作，于是他将某大款蒙上眼睛
送到一个极其偏僻的贫困山村。这位大款一旦袋里无钱，立刻如
鱼失水，在那个穷旮旯形销骨立，憔悴得不成人样，天天趴在村
口高坡，眼巴巴地等待"好梦一日游"的救星们来将他解救回家。
故事纯属虚构，冯氏幽默着实令人乐不可支。这个桥段究竟有没
有现实依据呢？依我看，中国百分之八十的股民（人数的比例只
会比这多，不会比这少）就整日整月整年做着"吃苦梦"，更悲
催的是他们根本等不到远方的救星来解救自己。

四年多熊市，跌跌不休，沪指一路下破，没有最低，只有更低，
数以百万计的中国股民在股市中惨遭"凌迟"、"腰斩"的酷刑。

你不能不佩服，直到现在，居然还有股民强作欢颜，打肿脸充胖子，笑称："股市虐我千百遍，我待股市如初恋！"但类似的乐观情绪就像氢气球一样被现实一针扎瘪，善意的网友真诚告诫："这样的'初恋'太残暴，分手才是王道。"

以往，有人说：你想半年遭罪，装修；你想多年遭罪，炒股；你想长年遭罪，买房。现在炒股之遭罪超过买房远矣。面对系统风险、非系统风险和自身的行为风险，中国股民唯一能够找到的抒悲泄愤方式就是改写古诗词，"问君能有几多愁？恰似满仓购入中石油"，"股票他年解套日，家祭无忘告乃翁"，"清晨入股市，归来泪满襟。日进斗金者，不是散户人"，"熊来不快跑，处处害呆鸟。夜闻叹息声，沪指跌多少"，"九点离家三点回，时间无几面目非；家人相见不相识，怒问钱从何处亏"，这样的民间文学令人啼笑皆非，唯今日独多，足见中国股市愁云惨雾浓厚无比。

在一个圈钱市、投机市、赌博市、政策市和谣言市中，在信息完全不对称的情况下，你想在二级市场通过炒股赚大钱，简直无异于与虎谋皮，不铩羽而归才怪。且不说在四十八元高位上购入中石油股票的股民已巨亏百分之八十多，就是其它许多绩优股也让股民亏得一塌糊涂。昔日的警示语"投资有风险，入市须谨慎"，早该换成"善待生命，远离股市"了。

我有位朋友，日子本来过得满好，四年前，他想买一部路虎揽胜越野车，差几十万元，但他不想背负贷款的压力，于是在沪指6000多点时，携百万资金挺进股市。很快股指就见顶狂泻，他的资金大幅缩水，已只够买一部吉普切诺基，他不甘心，不死心，不肯割肉止损，这几年折腾和扑腾的直接结果是：早就买不到吉普切诺基了，他账户上现有的资金已只够买一部铃木吉姆尼。其实，他的损失远不止几十万元，这四年来他恒处于焦虑和郁懑之中难以自拔，不仅少赚了许多钱，而且健康受损，生活质量节节下降，他的家人和朋友都认为他变得越来越陌生，整日寡言少语，不再爱说爱笑，也不再读书，要读也只读江湖骗子们的垃圾股评。每次他在路边见到雄风十足的路虎揽胜，就好像被毒蛇狠咬了一口，神情大变。

说白了，中国股市就像一个巨型魔术箱，最常见的魔术节目是：轿车进去，摩托出来；马匹进去，蚂蚁出来；聪明人进去，傻瓜出来；富人进去，穷人出来。你想体验受虐的"快感"吗？进入股市，必屡试不爽。股票比世间任何野蛮女友更野蛮，她既能使你神魂颠倒，也能使你痛不欲生，日复一日地剥夺你的自信和自尊，直到你不再赌气怄气负气，彻底抑郁沮丧为止。

有些问题你是不可能想得明白的。为何中国就出不了比尔·盖茨、乔布斯那样的创造者和巴菲特、索罗斯那样的投资家？为何一个在全球范围内 GDP 指数居高不下的国度股市却如此惨淡？你若想不明白这两个问题，就最好别进股市去乱试运气，要知道，中国股市可不是什么皇家剧院，而是典型意义上的搅肉机。

"别人疯狂我恐惧，别人恐惧我疯狂。"你若信奉巴菲特的投资理念和法则，那你先得拥有一颗远胜常人的大心脏才行，否则你将很难挺到中国股市钻石底终于浮现的那一天。

有人恨铁不成钢地说，"比贱民更贱的是股民"，我不愿意这样贬损中国股市的投资者和投机客，毕竟他们中的许多人拿出自己的真金白银为中国经济的发展做了有机肥料，尽管他们是以

"炮灰"的形象来扮演这一现实角色，完成这一历史使命的。他们的"虐恋"比人世间的任何生死恋更值得同情。

做"鸡蛋"也不坏

当今世界是个封闭的世界，也是个开放的世界；是个单元的世界，也是个多元的世界；是个麻木的世界，也是个敏感的世界；是个冷酷的世界，也是个温暖的世界；是个贫穷的世界，也是个富裕的世界；是个危险的世界，也是个和平的世界；是个充满机会的世界，也是个充满挑战的世界……之所以如此矛盾，截然对立，是因为彼此处境悬殊，视角各异，感受相差甚远，因而结论迥然不同。各守一端，各执一词，解决不了任何问题，倒不如设身处地，换位思考，我们能否少做点添堵、添乱的事情？如果你实在忍不住心痒手痒的话，就不可能安静地歇在一边，困扰你的又会是什么？

"僧问石头：'如何是解脱？'石头反问：'谁缚汝？'僧问石头：'如何是净土？'石头反问：'谁垢汝？'僧问石头：'如何是涅槃？'石头反问：'谁将生死与汝？'"

我们总是被一大堆问题压住了头颈，苦于找寻不到想要的那个答案，殊不知反问一下就能豁然开朗。没错，解铃还须系铃人！我们既有身，就有影；既有呼，就有应；既有耕，就有获；既有伤，就有痛。与其求人，不如反求诸己。心境平和则烦恼无地生根，定力充足则名利无法勾魂，先要安好自己的营，扎好自己的寨，然后应对各种各样的入侵。

人类是脆弱的，就像一个个鸡蛋，放在巨大的篮子里。爱能孵化它们，赋予它们新的生命，恨则会毁坏它们，一个蛋破壳了，周边的许多蛋都会受到污损。

"石头问鸡蛋：'你怕不怕我？'鸡蛋反问：'谁使你行恶？'石头问鸡蛋：'你恨不恨我？'鸡蛋反问：'谁使你成魔？'石头问鸡蛋：'你服不服我？'鸡蛋回答：'谁使你受挫？'"

你也许会说，鸡蛋的反问不够给力，更给力的反问该当如何？甩出几句狠话并不难，但石头何时又会把鸡蛋的狠话当回事？狠角色不该是鸡蛋的自我定位，就像水不该拿山的尺码来自量身高一样。何况弱者的胜机恰好出现在强者的无限度耍狠之后。当年，甘地以"非暴力"思想引领印度脱离英国殖民统治，走向独立，起初谁也不看好他，一个简单的推理似乎就可以将他的"非暴力"主张变成大笑话：鸡蛋能禁得起石头砸吗？脑袋能禁得住棍棒敲吗？一边是"非暴力"，一边是血腥的镇压，谁都在想，甘地的忍耐力何时耗完？他会不会有忍无可忍的时候？但他以人道抗衡兽性，百折不回，百忍成钢，达到了人类从未达到过的忍耐边际。这时候，耍狠的石头竟然疲软下来，鸡蛋居然赢下了决赛，人类以非暴力的手法取得反暴政的胜利，这不是第一次，却是最为重大的一次。在乱石纷飞的年代，做一个暴露于野的鸡蛋是异常艰危的，但并非毫无生机和胜机，关键是鸡蛋与鸡蛋之间不能自行割断爱的纽带，这种爱既是世俗的手足之情，也是超越世俗的恻隐之心，当狰狞的凶神恶煞在慈悲和善面前自惭形秽的时候，石头会对鸡蛋说："原来你们是最懂得爱的，难怪会团结得如此紧密，相处得如此和谐，我们并不能从毁坏你们的快乐中得到快乐，也并不能从夷灭你们的幸福中得到幸福，对立不是最佳选择，对话会更为适当。"

写到这儿，我突然想起日本作家村上春树，在获颁耶路撒冷文学奖时，他说过这样一番话："我们都是人类，超越国籍、种族和宗教，我们都只是一个面对体制高墙的脆弱的鸡蛋。无论怎么看，我们都毫无胜算。墙实在是太高、太坚硬，也太过冷酷。战胜它的唯一可能，只来自于我们全心相信每个灵魂都是独一无二的，只来自于我们全心相信灵魂彼此融合中产生的温暖。"村上春树是乐观的，但这是悲观之后的乐观，胜过所有的盲目乐观。他将鸡蛋的天敌（石头）置换为坚硬、冷酷的高墙，更有一种压抑感，也更容易唤起一种绝望的情绪，但他深信人类的灵魂（哪怕只是附着在"鸡蛋"上的灵魂）必定能够逾越高墙的禁锢，以"彼此融合中产生的温暖"战胜寒冬。

一个孤绝的鸡蛋之所以不再感到孤绝，是因为它看到了另一个孤绝的鸡蛋没有放弃友爱之情；一个脆弱的鸡蛋之所以不再感到脆弱，是因为它发现另一个脆弱的鸡蛋破壳诞生了新的生命。他们彼此关注得越多，联系得越紧，采集的温情和善意也会愈加丰富。

"鸡蛋问石头：'你认不认识虚妄？'石头回答：'虚妄就是我的父亲。'鸡蛋问石头：'你认不认识绝望？'石头回答：'绝望就是我的母亲。'鸡蛋问石头：'你认不认识希望？'石头沉默了，因为'希望'是他的梦中情人，总是披着月光婚纱在江边缥缈来去。鸡蛋知道，石头是需要黑夜的，因为黑夜能给他安排奇幻的梦境。于是鸡蛋告诉石头：'当希望降临的时候，你的父母就会死去，你怎么办？'石头回答：'只要她肯来到我身边，让老朽归天又有何妨！'鸡蛋笑了，石头却毫无表情。在石头群中，笑的失传甚至比爱的失传更彻底。真正值得同情的何尝不是内心阴暗的石头？他们不会爱，更不会笑。"

这一节鸡蛋和石头的对话是我的杜撰和戏拟，但我的看法非常明确：与其说"鸡蛋"没有幸福感，倒不如说"石头"更没有幸福感；与其说"鸡蛋"没有安全感，倒不如说"石头"更没有安全感。为何我这么肯定？因为石头已经绝育太多太多年了，没有新生的能力使他日胜一日地焦虑和恐惧。

做"鸡蛋"并不坏，这一点粗浅的认识你还不至于没有吧？"石头"变不成"鸡蛋"，这是石头不敢透露的最大的痛苦。当恶类无法行善时，它并不像我们以习惯思维想象的那样开心惬意。

三十而立

互联网就像个巨型的魔法口袋，有些消息突然冒出七彩泡泡来，你只能笑着看，看着笑。比如某人三十岁就成了处级官员，竟被人猜测为官二代，怀疑其父暗箱操作。于是乎，看客奋力拍砖，恨不得把他拍成肉泥，比洪七公手下丐帮弟子的人数还要多，而且干劲更足。

有别于战乱年代，今人的寿命比前人延长了一大截，但三十岁的男人已不能算作小生和嫩仔，对不对？你可千万不要去翻看古人和前人的履历，这样做，会让你惊爆眼球，甚至痛彻心肺，为自己虚度年华而懊悔，为自己年过三十依然浑浑噩噩、庸庸碌碌而羞愧。

三十岁时，宋教仁已担任中华民国北京临时政府的农林总长，不是靠暗箱，而是凭本事。这个成绩仍不算突出。三十岁时，马其顿国王亚历山大已征服欧亚大陆数十个国家，其军队强大到可以投鞭断流的程度。三十岁时，项羽已干完轰轰烈烈的一生，把那出壮剧和悲剧《霸王别姬》也唱得谢幕了。在他收工的这个年龄，大多数人还没开张开和。公元 208 年，周瑜指挥吴军，在蒲圻赤壁击败强大的曹军，也才不过三十三岁。1799 年，拿破仑三十岁，6 月，巴黎发生政变，12 月，法兰西共和国执政府成立，拿破仑担任第一执政。严格地说，这位来自地中海科西嘉岛的小个子是个外国人，十多岁时，法语还讲得并不利落，但其才智和眼光足以雄视欧洲。

三十而立，这个"立"，既包括立德、立言、立功，也包括开宗立教，开山立派。

据《普集经》记载，释迦牟尼于农历二月初八，"明星出时成道，号天人师"，那年他刚好三十岁。在同样的年龄，孔子已学富五车，精通六艺，在鲁国辞去吏职，兴办教育，收下曾皙、司马牛、子路、颜路、冉伯牛、孟懿子、南宫适、冉雍、闵子骞等首批弟子。三十岁时，巴尔扎克已放出豪言，夸下海口："拿破仑用剑没有办到的，我要用笔来完成。"他的小说合集《人间喜剧》是十九世纪法国社会生活的总图景，人性的大展示，历史学家也将它视为一座永不枯败的花园。1832 年，美国哲人爱默生厌倦了宗教事务，辞去神职。翌年，他三十岁，痛失爱妻爱伦·塔克，遂决意远游，横渡大西洋，独自回踩欧洲大陆。在英国、法国、意大利，他的寻根之旅收获颇丰，他找到了精神源泉。浪漫主义思想家和文学家卡莱尔、柯勒律治和华兹华斯给他的启示已足敷所用。两年后，爱默生回到美国，与霍桑、朗费罗等文友创立了"超验主义俱乐部"。

三十而立的动作极可能高难，甚至高危。谭嗣同，戊戌六君子之一，自命为"纵人"，"志在超出此地球，视地球于掌上"，三十三岁，他就为变法事业流血牺牲了，别人视之为悲剧，他却甘之如饴。三十岁时，孙中山为革命事业奔走八方，在伦敦，他不慎暴露行踪，被译员邓坚铿诱入清公使馆拘禁，若非英国友人柯尔和康德黎闻讯而动，仗义出手，英国警方和外交部强力干预，孙中山必定被引渡回国，他的《伦敦被难记》百分之百写不成，还很可能性命不保。

三十而立的范例很多，例外当然也不少，大器晚成同样值得说道。八十岁时，姜子牙（周朝元勋）还在渭水之滨用直钩钓鱼；七十岁时，百里奚（秦国贤相）还在秦楚边境饭牛；六十岁时，重耳（春秋五霸之一的晋文公）还在异国流亡；四十岁时，刘邦还只是个流里流气的乡干部；三十岁时，刘备还在没日没夜地做草鞋。若非遇上乱世，他们似乎不会有什么出息。再说，三十八岁时，周树人写出《狂人日记》，这个笔名叫鲁迅的绍兴才子刚刚露出文豪的脉息和端倪，要不是《新青年》编辑钱玄同向他约稿催稿，他将继续隐身在陋巷里拓拓古碑，抄抄旧籍，读读古久先生的流水账簿，做个郁闷的愤青愤中。但值得我们留意的是，大器晚成同样建立在三十而立的基础上，机会永远只青睐那些提前做好了准备的人，他们早已立正，只是机会还没让他们稍息而已。

清代诗人鄂西林吟得妙句："行年四十犹如此，便到百年已可知。"而立是前站，不惑是后门。那些在三十岁仍未找准方向、明确目标的人，还真得有点紧迫感才行，十年岁月，仅供弹指。到那时，倘若别人不惑，自己大惑，就糟透了。

要钱不要命

在湘西吉首大学校园内，我与友人一道参观了黄永玉艺术博物馆，馆藏之丰富出乎我的意料，既有黄永玉的绘画作品，也有他个人收藏的大量古器物，那件《山鬼》铜雕和那块乌金一般结结实实的长江阴沉木颇具视觉震撼力，但我更喜欢也更欣赏馆主绘制的讽刺小品系列——"猫和老鼠"。

其中一幅画的内容是：雌鼠手端一杯美酒在公猫面前撒娇，它打扮妖娆，神情陶醉，很享受自己的处境，黄永玉的题款是"老鼠给猫当三陪，要钱不要命"。这幅画引人深思，发人深省，也令人解颐，耐人寻味。

我看过美国迪斯尼制作的动画连续剧《猫和老鼠》，在那部影片中，猫和老鼠的角色完全被颠覆了，猫有勇，而鼠有智，猫虽强大却拳拳落空，鼠虽弱小却处处占到便宜，次次占尽上风。这种动画片，小孩子待见而乐见，大人也会瞅上几眼，但笑过之后肯定不以为然。因为猫由主角沦为配角只是创作者善意的戏弄，与现实生活并没有对应关系。猫再怎么没手段，没心机，老鼠也不敢去挑衅（更别说戏耍）这位天敌。如果说猫是庄家，老鼠就只是闲家。如果说猫是机构，老鼠就只是散户。如果说猫是国企老板，老鼠就只是农民工。大家再动动脑筋，还可以打出更恰当的比喻。猫和老鼠天生就明白自己的角色定位，不会弄混，更不会颠三倒四。雌鼠倘若失去基本理智，见公猫一时温和，就忘乎所以，跑去献身当三陪，陪吃，陪玩，陪睡，其后果会怎样？公猫若腻了，若馋了，若怒了，若动了邪念恶念，雌鼠的死期就会到来。雌鼠掘金的如意算盘只有万分之一的可能实现，却要去冒百分之百的危险，这值得吗？火中取栗，富贵险中求，是这个时代的常态和常景，要钱不要脸的很多，要钱不要命的也不乏其人。

　　这个系列中另一幅画的内容是：一只巨无霸的黑色肥猫用婴儿车推着一只幼鼠散步，题款是"也不想一想，它为什么对你这么好"。猫对幼鼠好，只有一个理由，它要将幼鼠养肥了再吃。如果猫总是扮演狠角色，老鼠都被吓得逃之夭夭，猫不仅要费大力气去捕猎老鼠，而且费力也不一定逮得到。猫采取怀柔政策，养几只老鼠示范示范，老鼠的警惕性就会大大降低，而且奔走相告，猫大爷很慈祥，对我们大伙儿好着呢！以前算是误会它老人家了。从此，猫向鼠示好，鼠向猫投靠。猫的姿态摆得很高，甚至要老鼠们放开胆子来批评它的家长作风，批评它的官僚主义。久而久之，就算猫逮准某只老鼠、某群老鼠猛吃，其他老鼠也不会惊慌惊恐，一哄而散了，它们还会替猫撑腰："谁叫那些害群之鼠瞎捣乱呢？猫大爷吃掉它们，真是活该！"猫大爷硬一手，软一手，再硬一手，于是乎大功告成，任何时候它都能予取予求了。老鼠们普遍认为，被吃掉的同胞都是败类，都是坏东西，真正的乖东西、好东西、聪明东西、可爱东西都安安生生地活着，多福长寿，其乐融融。表面上皆大欢喜，四海之内皆兄弟（转眼之间就可能变成凶敌），实际上经不起推敲，猫的心机深不可测，老鼠仅有小聪明而无大智慧，它们身陷樊笼，还以为自己在天堂度假。

艺术表现强调含蓄蕴藉，意在画外，言近而旨远，题款只会略显冰山之一角。现实生活才是真正的教科书，没有那么多的柔情脉脉，也没有那么多的掩掩藏藏。早几年，姜戎的长篇小说《狼图腾》一纸风行，使不少读者（尤以白领为多）对狼和狼一般的狠角色深表钦佩。究其实，丛林法则，弱肉强食，是人类至今也绕不过去的残酷游戏。"己欲立而立人，己欲达而达人"，"己所不欲，勿施于人"，这类充满悲悯情怀的哲言犹如高端软件，低端硬件根本没有那么大的内存和容量去支持它，更别说正常运行了。

猫是绝不会同情老鼠的，这既由食物链决定，也由各自的角色决定。老鼠若被猫的种种花招弄得麻痹大意了，弄得心悦诚服了，弄得产生快感和幻觉了，它们的死期估计也就近在眼前。黄永玉前半生饱经磨难，到了晚年，积攒的智慧从笔端轻松流出，《猫和老鼠》便是令人会心一笑的代表作。许多可怜人都是画中的"老鼠"，却不肯承认自己是鼠辈，这组讽刺画可算当头一棒，如果这样狠劲敲打仍不能使之醒转过来，那么无论请谁开方抓药，也会宣告束手。世间饥饿易疗，病痛易治，而愚蠢难除，从来如此，鲜有例外。

风险几何

两年前，有位朋友为了创作一部反腐题材的电视连续剧，经相关部门安排，采访了七八位落马官员。我陪同他去过监狱和看守所，直观感受堪称震撼。

一位等待判决的落马官员毫不隐讳地说："我究竟败在哪儿？败就败在风险意识淡薄，管理风险和控制风险的经验欠缺。什么钱可以拿，什么钱不可以拿？什么钱可以收，什么钱不可以收？什么人可以常打交道，什么人不可以常打交道？什么人值得信赖，什么人不值得信赖？什么事要做大做强，什么事只须装模作样？什么事应该去做，什么事要尽可能不沾边？我心里没这个谱。只存想，别人哭着喊着把一捆捆钞票送过来，无非讨个批文，求个项目，对我来说，全都是举手之劳。真到了上千万的规模，胆子也就练大了，放开了。我当然知道，风险叠加不是呈算术级数增长，而是呈几何级数增长。问题是，十多年过去了，虽然周边也有同事锒铛入狱，但我官越升越高，权越握越大，走的一直是绿色安全通道。其实，我用得着贪吗？吃喝玩乐，衣食住行，样样都不用自己开销一分钱，钱的作用和价值接近于零。那些老板理直气壮，奋不顾身，争着抢着买单，生怕失去机会，生怕我不肯赏脸。几千万的数目，祖宗十八代都没见过，我把它搂在名下，有多大风险？又有多大必要？一分一厘都不曾挥霍掉，我那几个情妇，也都是老板掏钱替我包养。这下好了，量起刑来，不是死缓，也是无期，法院还要罚没个人财产。我亏不亏啊！光是那些吃喝玩乐的花费，就得用我下半辈子的自由去兑换。值不值？太不值了。我风光了这么多年，可风光只是虚荣和幻觉，早已片甲不留。现在，我想得最多，对自己最不满意的地方就一点，风险一直在那儿累积着，我却视而不见。打个不太恰当的比方，一个杀人犯，他杀了一个人，逃过了追捕，他就会去杀第二个人，等他杀了几个人后，甚至会产生自我崇拜的情结，认为自己的智商和本事天下无敌。我想，有些人做官做得稳当，很可能就是因为风险意识比我强，能够适当自律，适当自省，必要的时候，能够自打三十大板，把手脚洗干净。都说，浪子回头金不换，我是连做回头浪子的机会和本钱也没有了。官员还是不要抱侥幸心理为好，常在河边晃悠，湿了鞋没事，就怕'扑通'一声掉进河里，那点水性不管用。有些人运气好，捱到退休，总算平安着陆了，我也不羡慕他们，一有风吹草动，他们照样睡不成囫囵觉，那叫过的什么日子？生活质量和生命质量能高到哪儿去？搂座金山，要多大力气和运气才行？很多年，它们都是定时炸弹，是核反应堆。我等待判决，心安了许多，该来的迟早会来，只可怜我母亲，眼睛都哭瞎了，老婆、女儿在国外，心情也很糟糕。有的人冒险，被称为当代英雄；有的人冒险，被称为探险家；有的人冒险，被称为超级赌徒；我冒险，被称为贪官，这是奇耻大辱。在老家祠堂，按照规矩，我这样的人是绝对进不了族谱的，也上不了祖宗的坟山。"

他一口气讲了这么多，都不允许我们打断一下。在强调官场风险的同时，他的悔意隐含其中。"人为财死，鸟为食亡"，二者的处境大不相同。官员为发财而获刑，是贪婪导致；鸟儿为觅食而铩羽，是饥饿造成。祸福无门，唯人自招。有的风险是自找的，是自行叠加的，怪不得旁人。有些人将这个制度视为鼓励冒险和容忍贪婪的制度，显然是在自造盲区、误区和雷区，很可能一头栽到天坑底，头破血流，粉身碎骨。

世间没有完美的制度，也没有完美的个人，有陷阱的地方就会有风险，有诱惑的地方就会有杀机，有享受的地方就会有代价，这是小学毕业生都能懂得的常识，并不是什么深奥的哲学命题。可是有些官员却权令气壮，色令胆豪，利令智昏，罔顾风险而恣意逞性，伸手攫取，结果如何？不是担惊受吓，影响健康，就是束手就擒，坐穿牢底。

大"拼盘"

只有在非公平竞争和反公平竞争的社会环境里，年轻人拼爹才会拼到白热化的程度。

我们探究"拼爹"现象的历史成因，得出的结论相当有趣：古人拼爹局限于贵族阶层，拼娘与之相伴而生。这不难理解，奴隶、平民与贵族并不在同一座擂台上交锋，形不成直接的竞争关系。"上品无寒门，下品无势族"，魏晋时期，壁垒尤其分明。贵族间，彼此争权夺利，对抗在所难免，及时亮出"我爹是某某"或"某某某"，就等于打出了王牌，对方该让路时就得让路，该低头时就得低头。

为什么说拼娘与拼爹相伴而生？贵族一夫多妻，鲜有例外，儿子究竟属于嫡出（正妻所生），还是属于庶出（妾媵所生），境况天差地别。皇族居于贵族阶层的宝塔尖，拼娘的结果最为离谱。司马衷（晋惠帝）是一等白痴，刘禅（蜀汉后主）是超级傻蛋，纵然脑袋里渗进了屋檐水，也仍然能够顺利继位。都说"打铁还要自身强"，那他们强在哪儿？无非强在投胎准确无误。那些拼娘的落败者，例如刘如意（汉隐王），即算他聪明过人，被父亲（汉高祖刘邦）私下认可，也只有死路一条。

科举制度取代门阀制度之后，在拼爹、拼娘之外，又多出一个拼同年（同榜录取者）。晚清时，这种现象尤其普遍。李文安是曾国藩的同年，他将儿子李瀚章、李鸿章送到曾氏门下受教，李家兄弟进士后，均投笔从戎，由于湘军大帅曾国藩鼎力保荐，李家兄弟在官场上取得了巨大的成功。倘若李文安不是曾国藩的同年，李家兄弟的命运如何？还真不好说。

古代拼爹、拼娘、拼同年，只是小范围内的事情，如今拼爹、拼娘、拼同学、拼老乡却是大概率的现象。拼爹，拼的是权钱支撑力度。拼娘，拼的是亲情呵护温度。拼同学、拼老乡呢？拼的是人脉扩张速度。一个人有好爹、好娘、好同学、好老乡，四颗吉星为之照应，想不成功，不滋润，都难。

两个月前，我跟一位芳邻聊天，问她最近忙什么，她说，暑假期间她使出浑身解数，已将儿子成功转校，现在总算可以睡上安稳觉了。我对此表示不解：

"你小孩上的那所中学不差啊，离家又近，还转校干吗？"

"他进入了本市的顶尖名校，我才安心。你知道，现在拼爹拼到家了，他爹只是个中不溜的副处级干部，我没辙，只好硬着头皮做当代孟母，拜码头求人为他挑选一所好学校，将来有一天等他的'黄埔同期'全出息了，肯定能够指靠得上。现在我儿子正面拼不过人家，就只能转移到侧面去拼。你以为那些读 MBA 的人，全为了长学问？道理只有一个：在成功人士的气场中，就没有差火的犯贱的。"

我听完芳邻的这番说道，不赞一词，也没有询问她为儿子办理转校手续的成本几何。在激烈竞争的年代，人们辛苦打拼，知识、才华、本领竟然不能决定前途和命运，最终还得拼爹、拼娘、拼同学、拼老乡，外援的实力越突出，自己的胜算就越大。

拼爹也要老爹有金刚不坏之身才行啊，倘若老爹只是过河的泥菩萨，还怎么个拼法？据我所知，目前有不少社会学家深入研究失独家庭和农村留守儿童，但还没有哪位社会学家下足工夫研究那些落网贪官的子女，他们一旦丧失昔日非公平竞争的优势，生存状态究竟会在多大程度上产生衰变？但这些贪官的子女多半出国了，这个研究课题不太好开展。

如今，拼娘更像是"虎妈"之间不断升级的"军备竞赛"，谁都想尽快充实"武库"，用课内的知识和课外的才艺将自家孩子"武装到牙齿"，至于应试教育正在蚕食其想象力、创造力和学习兴趣，她们倒并不惊慌。看到这些抖擞神勇的"虎妈"，我既为她们感到难过，也为那些被推搡到悬崖边缘的孩子感到悲哀。

拼同学、拼老乡的作用究竟有多大？这要视乎那些当了官、发了财、出了名的"黄埔同期"和大老乡、小老乡的心情而定，看他们会不会惦记你，愿不愿帮助你，肯不肯提携你。缓急之间要指靠得上贵人相助，那你自身也不能短斤少两。

众人拼来拼去，表面上拼的是爹、娘、同学、老乡，实际上拼的是：对某些公共资源谁能更多地据为己有，对某些公共权力谁能更快地挪作私用。关系硬过规则，人情大于法律，这才是令普通老百姓感到无奈和不平的地方。

一卷难定终身

昔日的"白卷英雄"张铁生最近再次成为媒体关注的焦点人物。目前他的社会身份是千万富翁，如果他持有原始股的辽宁禾丰牧业股份有限公司能够成功上市，其个人财富还将骤然放大数十倍，总值几何？地球人能瞬间算出这笔账来。许多读者见到这条新闻，心理难以平衡，甚至浑身不自在，说出的糟心话大致是这样的："他凭什么？这个昔日的阶下囚，连最容易过关的升学考试都无法完卷的笨蛋！"但也有不少网友拍手称快，为张铁生鼓与呼，最具代表性的看法是这样的："'白卷英雄'真牛！张铁生以往的经历证明了知识越多越反动，现在的表现证实了知识越多越无用！中国的应试教育怎一个失败了得！"要弄清楚此中的是非曲折，还真不是一大堆网络激辩所能胜任的。

1973年6月，知识青年张铁生在辽宁兴城县参考工农兵学员笔试，语文、数学、物理化学（合卷）的试题都算容易，张铁生却穷于解答，拙于应付，也不知是哪根神筋搭错了线，他兴之所至，在考卷的背面写下了个人感想："说实话，对于那些多年来不务正业、逍遥浪荡的书呆子们，我是不服气的！……希望各级领导在这次入考学生之中，能对我这个小队长加以考虑为盼！"结果出来，张铁生的考试成绩是：语文38分，数学61分，物理化学 6 分。人们冠之以"白卷英雄",多少有点冤枉。

那个年代,人们要改变命运就需要奇迹附身才行。一介普通知青,何德何能,竟能滚出惊天动地的大雪球来?张铁生在试卷背面写下的这段大实话吻合当时的政治需要,从《辽宁日报》到《人民日报》,都给他铺出通向"辉煌"的红地毯,他的命运随之发生了不可思议的转机。两年后,他就成为了全国人大常委,辽宁铁岭农学院领导小组副组长,党委副书记。然而暴兴者往往塌台也快,1976 年,张铁生沦为阶下囚。三年风光日子抵换十五年牢狱之灾,问谁谁都不干,张铁生却干了。上个世纪九十年代初,当张铁生的白卷生涯眼看就要以彻底的零分收场时,他与人合伙开办天地饲料厂,淘到了第一桶金,这家厂子后来与金卫东的沈阳禾丰牧业有限公司合并,改制为辽宁禾丰牧业股份有限公司,张铁生是第五大自然人股东。(以上资料全部采自维基百科)"白卷英雄"因此脱胎换骨,成为了资本市场上的天之骄子。

历史是吊诡的,时代也是吊诡的,任何个人在激浪中都只是一星泡沫,沉浮不能自主。张铁生的人生遭际简直就像是无意间碰触到隐秘的玄幻机关,坐上了魔法世界的过山车和海盗船,既爽出了无穷快意,也惊出一身冷汗来,旁人羡慕嫉妒恨是做无用功,拍肿巴掌同样是帮倒忙,因为张铁生的人生经历太独特了,不具有任何示范意义。当年,他在考卷背面即兴写上几句个人感想,并没有过错,后来他被一场政治龙卷风卷到九霄云外,既是始料未及,也是身不由己。

人生的考场有小有大,在小考场上考零分交白卷的人则未必会在大考场上吃瘪落败。我记得,朱自清、罗家伦和张充和考北大时数学成绩均为零分，吴晗考清华时，数学一科同样吃茶叶蛋。这都没有影响他们后来的成名成家。真要较劲，只能说，当年的北大、清华能够录取这些偏科的才子才女，现在还能吗？就算不能也没有关系，韩寒不是照样活出了他的精彩？漫画家蔡志忠的女儿数学考了零分回家，做父亲的却由衷地夸奖她"太厉害，太伟大了"，他的想法很实在，一个人专心做一件事就好，猛虎也不可能同时追到两只狡兔。中国的父母中，有多少蔡志忠这样的明白人，能够逾越学校的小考场看到人生的大考场？

当然，有一个大前提我们也不能不强调：在小考场上某科打零分而能在大考场上成功的人，必定天赋超群，他们挟有特长，而且能够使自己的特长发扬光大，完全避免短板效应的制约。爱因斯坦的中学、大学成绩平平无奇，却无妨他成为伟大的"广义相对论之父"，这正是天才后发作的典型范例。

"白卷英雄"真牛，这并不意味着，只要你能够在小考场拿零分，就能在大考场上牛气冲天。因为有些天赋是与生俱来的，有些遭遇是不可预知的，有些条件要由社会和时代来提供，有些成功根本不可复制。重要的是，你在人生的大考场上，有没有真正的过人之处。若没有，你在任何小考场获得的满分都将最终在大考场归零。若有，你在任何小考场交出的白卷，最终都将在大考场捞回满分。

大自然的福利

最近，我听说这样一个故事。十年前，一位老实巴交的农民承包了一大片山地。这片山地长期撂荒，谁都不想要它。原因很简单，山地上只生茅草，不长树木。究竟是土壤太贫瘠，还是土层太单薄？谁也没弄清楚。老农先是尝试在上面种植果树，长着长着它们就枯萎了，既不是旱魃为虐，也不是虫害所致。于是有人建议他栽种杉树苗试试，他左思右想，觉得这个主意不错。他将几千株树苗种在山地上，树苗长得慢，但奇迹般活下来，他的心一直悬着，常去山上转转。几年前，在他的山地附近，有个工程队来开矿，不是开煤矿，而是开锑矿。锑是什么东西？他不知道，这是头一回听说。锑矿开了一段时间，老农感觉不对劲了，杉树苗日渐枯萎，先是几棵，然后是一小片，再后来就是一大片。经过聪明人从旁指点，老农明白过来，这场灾害跟相邻的矿井有直接关系，摆明了，对方正在地底下掏空他的山腹。于是老农前去交涉，对方不推搪，不敷衍，十分爽快地答应赔偿。具体方案如下：矿方一次性赔偿老农十五万元（相当于树苗价的十倍），老农不再追索其他权益。老农觉得这个方案不错，山地还是他的，树苗死了，再琢磨弄点别的东西种上，就算什么都不种吧，也已经赚到十多万元。事情如果真的这样了结，不再节外生枝，那也就算得上皆大欢喜。一年后，老农听说开矿方赚到了一千多万，顿时如热锅上的蚂蚁，再也坐不住了。他心想：我那十五万元赔偿金算个屁，还不够对方收益的零头！

　　许多事情，以喜剧开场，却往往以悲剧谢幕。老农去矿上交涉，对方就拿出协议来，说你钱也得了，协议也签了，要是反悔，就去法院告状，我们陪你打官司。老农没辙，清楚自己打官司赢不了，对方财雄势大，有钱能使鬼推磨。于是，他采用下下策，带头去矿上闹事，阻挠对方开工，结果发生武力冲突，双方斗殴致伤多人。老农因此被刑事拘留十五天，释放回家后，大病一场，半年不到，一命呜呼。经过此番折腾，家中的十五万元用光了，山上的树苗也死光了。

讲故事的人想告诉我：老农太傻冒了，签协议时就该多留心眼，别捡了芝麻，丢了西瓜，贪到小便宜，失掉大好处。他甚至说出这样的话来："他哪是气死的？是蠢死的！"

这件事，表面看去只是一桩纠纷，似乎是老农愚昧贪婪，矿方狡猾强横。实际上，这件事还有更深的根源可挖。大自然给人的福利太大了，面对它，人们从来就没有多少感恩意识，也不曾节制自己的索取行为，于是智者巧取，强者豪夺，愚者心动，铤而走险。

大自然给予人类的福利确实太过丰厚，地底的宝藏、矿产、石油、天然气，地上的森林、河流、空气、阳光、风景、食物。诗仙李白有个说法，"清风朗月不用一钱买"，不用输诚，无须纳税，就任由人类享用。这笔巨大的受益背后，也隐含了许多危害，矿难，空气和河流污染，滥砍滥伐，过度的诛求和浪费，挥之不散的战争阴影。这笔大福利，人类使用了几千年，到如今，我们仔细清算，将大吃一惊。全球人口超过七十亿，大自然的诸多福利已消耗大半，这样坐吃山空，枯竭的日子迟早会到来。

你也许会说，这篇文章已经离题；或者说，这篇文章是小题大做。那么，我们就回返原点，老农坐拥大自然的福利而懵然不知，他种植杉树苗，心安理得地期待微薄的收益。然而他的好梦被开矿者破坏，因为信息不对称，开矿者知道这是一座宝山，老农却蒙在鼓里，等他清醒过来，悔之晚矣，大自然的那笔福利已被对方牢牢地攫取，老农徒有其名而无其实。协议障眼，老农没有通过法律途径寻求解决，而采取了极端手段，最终酿成悲剧。就这样，大自然的福利明摆着，双方却没能和平共享。你说老农傻，他何尝不是冤。

这件事充分说明，大自然的福利是一柄双刃剑，谁都有可能沦落为弱势的老农，这与他的智商高低，没有太多必然联系。

尊重他人的脆弱

物性脆弱，不难认知。相比于石头，鸡蛋是脆弱的；相比于炸弹，石头是脆弱的；相比于时间，炸弹是脆弱的。无论从哪个起点开始，唯有时间处于终端，绝对强大，连死神都莫奈它何，只能退避三舍。

人类早已习惯于敬佩坚强，殊不知，坚强只是表象。钻石够坚强了吧，但在飞秒激光面前，它脆弱得如同初生的婴儿。

数年前，一位朋友不幸罹患鼻咽癌，在肿瘤病医院接受治疗。我对他的病情很担忧，他却反过来安慰我："鼻咽癌就相当于癌症中的小感冒，你瞧我这身板子，它可吓不倒我！"乐观当然好，也有必要，但这场战役不可能轻松，他的胜算顶多只有五成。癌细胞是一群冷血杀手，化疗和药物都没能阻遏住它们的脚步。半年后，癌细胞已经转移到身体的其他部位，医生的结论出来了，他顶多还能活半年。从那时开始，他彻底放弃了住院治疗，带着药物，搬到一个偏僻的山村去居住，空气新鲜，泉水纯净，果蔬环保，只有妻子陪伴他。这时，他面色灰暗，身体枯瘦，目光中的热力渐渐消失。他在期盼奇迹出现吗？并非如此。他在反思自己的人生。他告诉妻子，以住，他处处好强，事事好胜，从不示弱，现在才明白，比自己强悍的人和物太多了，那些在显微镜下才能看得见的癌细胞都能轻易地打败他，打垮他，使他变得如此乏力和无助，何况世间还有许多显在或潜在的东西比癌细胞更为强悍。

当情绪低落的时候，他读到一位远方癌友撰写的博文，其中讲述了一个令人振奋的故事：一对英国夫妇韦德和安妮双双遭遇癌魔，已被医生判定不久于人世，于是他们列出死前要干的五十件事情，以倒计时的紧迫感去做好它们，但求人生无憾。他们有一个共同的心愿，那就是环游世界。于是他们拿出家中的全部积蓄四万英镑，与旅行社签约：只要两人中有一位离开人世，旅行合同即自行终止，否则他们可以继续旅行。旅行社很慎重，派人调查了韦德和安妮的病况，得悉他们是癌症晚期病人，生命顶多还能维持一个月时间，四万英镑则足以支付两人环游世界半年的费用。这笔生意包赚不赔。2003 年 5 月 7 日，韦德夫妇乘坐豪华游轮，从利物浦出发。此后一年多，主治医生威斯里未收到韦德夫妇的音讯，估计他俩早已不在人世。2004 年 11 月 7 日，威斯里突然接到韦德的电话，得知这对夫妇刚刚回到利物浦，他们本可以按照合同继续航程，却不忍心让旅行社吃亏太大。韦德还以异常兴奋的声音告诉威斯理，他们在英国最权威的伦敦皇家医院作了彻查，他与安妮的癌细胞已在体内全部消失。威斯里觉得不可思议，当初的确诊是无误的，变数难道发生在旅途中？数日后他们见了面，威斯里详细询问韦德夫妇旅途中的身体状况。他们告诉他，除了贪恋沿途的美景，根本无暇顾影自怜。在北冰洋漂浮的冰川中，在极地不落的太阳下，在复活岛耸立的石像前，他们只感到美妙和沉醉，那一刻仿佛可以永生，等到了夏威夷海滩边，他们惊喜地察觉到体内的痛苦已悄然消失，精力则日益旺盛。这次环游世界的告别之旅无疑是超值的。威斯里医生认识到，奇迹必有其发生的根本原理，那就是对个体生命的珍惜和享受，对大自然美景的欣赏和体验，使他们的身心在持续不断的愉悦和满足过程中获得了自愈的能力，从而击退癌魔，重获新生。

这位好友读完韦德夫妇抗癌成功的故事后，受到空前未有的精神激励，立刻与妻子商量，效仿韦德夫妇，乘坐豪华游轮踏上环游世界之旅。为此，他们作好了充分的思想准备。可就在出行前两天，一次剧痛的地毯式轰炸使他颓然放弃了整个计划。两个月后，他与世长辞。

你也许会轻下结论，这位朋友太脆弱了，临战怯阵。但我尊重他的脆弱，尊重彼此的个体差异。尊重比同情更适宜，也更正确。有了尊重，才会有体恤，其立足点不在高处，而在相互平等的位置。许多时候，常人的性格和意志力都是脆弱的，活着，不能取法乎上，知而不能行，行而不能远，很难战胜比病魔更难战胜的心魔。这也许就是混沌逻辑：因为脆弱，所以脆弱。但有一点是明确无误的，如果我们不尊重他人的脆弱，就等于不尊重自己。

第四种活法：隐

在弱肉强食的零和社会里，隐字派选手往往退而独善其身，他们不显山不露水，不坑人不害人，不搅局不破局，不愤激不偏执，不越雷池不逾底线，不贪求高官厚禄和金山银山，只图良心安稳如磐，良知金瓯无缺。他们不一定是世俗标准下的大成就者，却一定是究竟意义上的大自在者。

激流勇退

名利权位的诱惑真是非同小可。事实上，追逐富贵的人间豪客，明知头顶有悬剑，也没几个肯缩回脖子；明知脚下有挠钩，也没几个能收住步子。"吾观自古贤达人，功成不退皆殒身。子胥既弃吴江上，屈原终投湘水滨。陆机雄才岂自保？李斯税驾苦不早。华亭鹤唳讵可闻？上蔡苍鹰何足道。"李白的《行路难》

早就揭晓了谜底。"朝见宠者辱,暮见安者危。纷纷无退者,相顾令人悲。"白居易感叹退隐之难,也是真心话。这就不奇怪了,能够急流勇退的古人竟少到了个位数,越国有范蠡,汉朝有张良,堪称顶尖角色。张良息影于林下,却拗不过吕后的请托,给太子刘盈介绍了商山四皓,使后者保住了储君的地位。这种宫廷政治的高端运作,很容易触忌招祸。好在张良的手法妙至毫巅,汉高祖没有瞧出其中的猫腻来。范蠡急流勇退,那才真叫退得干净利落。我们不妨仔细瞧瞧。

吴国灭亡后,越王勾践踌躇满志,这当口,范蠡勇决智断,交上辞职信,重申当年他们订立的君子协定,他要功成身退,解除"劳务合同"。越王勾践读罢来信,又气又急。彼一时也,此一时也,下一步,他要成为诸侯中的霸主,将霸业做大做强,岂能在这个节骨眼上放走范蠡?勾践立刻命令寺人筹灯,点燃庭燎,范蠡是灭吴的首功之臣,当得起这份特殊的礼遇。勾践要以化夜为昼、化冬为春的方式感动他。

范蠡拾级而上,心情格外轻松,他把这次觐见视为与越王的诀别,此后,他将与沾血带腥的政治诡诈彻底撇清关系。范蠡进了大殿,庭燎灿燃的景象映入眼帘,殿中温暖明亮,冬日的寒气荡然无存,尽管他明白越王勾践的用意,但心中仍不免为之一热。勾践站立在王座前,乍看去,真不像威严的君王,倒像是一位久别重逢的战友。勾践慰留范蠡,竟至垂泪,但好话讲完,恶言出口:

"爱卿智勇双全,是越国报仇雪耻的头号功臣,寡人甘愿禅让王位。爱卿口口声声讲要遵守旧约,离开越国,告别寡人,自求多福。寡人直觉上天有意为难,使寡人丧失心膂和依靠。寡人有言在先，爱卿若肯留在越国，那是再好不过的事情，寡人愿意与爱卿共掌国政；爱卿若执意离开越国，休怪寡人翻脸不认人，杀你全家！"

如此露骨的威胁，早在范蠡的意料之中，他没有明确表态，只是唯唯数声，长揖而退。越王勾践目送范蠡渐行渐远的背影，满心以为他害怕了，屈服了，不禁捋须而笑。

当天晚上，范蠡写了两封信，一封是写给好友文种的，另一封是写给越王勾践的。事毕，他骑马前往江边，登上一叶扁舟，直奔三江口。大江茫茫，一灯如豆，但范蠡宛若蛟龙入云，猛虎归山，感到从未有过的轻松自在。从此，他彻底摆脱政治，泛舟五湖的夙愿归于圆满。

文种收到范蠡的辞别信，已展读一遍又一遍，信中的字字句句如同密槌敲响鼓，他都能够背诵了：

"吾闻天有四时，春生冬伐；人有盛衰，泰终必否。知进退存亡而不失其正，惟贤人乎！蠡虽不才，明知进退。高鸟已散，良弓将藏；狡兔已尽，良犬就烹。夫越王为人，长颈鸟喙，鹰视狼步；可与共患难，而不可共处乐；可与履危，不可与安。子若不去，将害于子，明矣。"

文种从几案上拿起这封写在白绢上的书信，投入火炉中，很快，白绢就烧成了灰烬。文种深知范蠡是一世无二的大智者，算度极其精准，临行前，出于深厚的友谊写信给他，信中的字字句句都充满袍泽之情。但文种安土重迁，仍然心存侥幸，权位他愿意放弃，爵禄他也不在乎，只求颐养天年，这要求并不高，想必越王勾践能够成全他，放过他。然而，文种也不仔细想想看，他曾经贡献"沼吴九术",越王勾践仅用其中"三术"就屠灭了强大的吴国,他手头还剩余"六术"未尝派上用场,勾践猜忌成性,又岂能让一位大智者、大功臣活着,给他造成寝食难安的心理威慑?

三个月后,越王勾践派寺人将那柄从吴国缴获的属镂剑赐给文种。这柄凶剑专与忠臣义士过不去,它饱尝过伍子胥的颈血,这回又要饱尝文种的颈血了。文种手握凶剑,仰天浩叹,他默诵范蠡书信中的警句,"高鸟已散,良弓将藏;狡兔已尽,良犬就烹",满怀懊悔和激愤,伏剑而死。

范蠡急流勇退后,化名为陶朱公,实现了华丽的转身。他三次成为首富,三次散尽钱财,不仅得善终,而且获美誉,被后世追封为文财神。

感恩惜福

"滴水之恩,自当涌泉相报",这是中国古人留下的名训。慈乌返哺,报答父母的养育之恩;灵蛇衔珠,报答隋侯的救命之恩;盗马贼陷阵,报答秦穆公的不杀之恩;子贡植楷,报答孔子的教诲之恩;韩信馈金,报答漂母的一饭之恩;诸葛亮鞠躬尽瘁,报答刘备的知遇之恩……这方面的传说和故事不少,比《天方夜谭》更有料。总而言之,无论东方西方,人们早已达成共识:忘恩负义是最坏的品性,知恩图报是起码的德行。

近日,我观看中央电视台科教频道的"讲述"节目,有一个故事吸引了我：十二年前，宋杨留学英国，与孤独老人汉斯一见如故，汉斯请这位穷学生住到家里，租金分文不收，还在宋杨遭遇车祸后悉心照顾他，这对忘年之交相处得极其亲睦。几年前，宋杨学成归国，得知汉斯重病卧床，生活无法自理，于是他费尽周折，将年过七旬的汉斯接到郑州，联系当地最好的骨科医院给他接连动了两次大手术。汉斯病愈后，宋杨又挽留他在家长住，颐养天年。故事相当平实，却处处闪现出人性的的暖色调，感恩和报恩纯粹出自天性，没有丝毫做作。

　　细想想，每个人来到世间，都是极其偶然的大事件，早一个时辰或晚一个时辰，你都可能会不幸落选，所以你首先要感谢造物主的即兴创意，感谢父母的养育之恩才行。你也许会蹙紧眉头说，我并不想到世间来受苦受罪啊！有什么好感恩的？就算你的现状并不如意，当初能够睁开眼睛、迈出脚步作一趟人世游，遍尝酸甜苦辣咸腥香臭各种滋味，仍算是在天地间完成了一次不错的探险活动。没有哪只蝌蚪不想变成青蛙，何况万物之灵的人呢。然后你还要感谢亲友、师长、同窗、同事。他们推动你，提携你，呵护你，陪伴你，走过一路风雨，看到天际的彩虹。你尤其应该感谢那些竞争场合的对手和道义层面的敌人。难道他们也于你有恩吗？是的。他们磨砺你，鞭策你，打压你，甚至掐你的脖子锁你的喉，无所不用其极。正因为这些对手和敌人比最狠的师傅更严厉一百倍，所以提升了你的上进心，锤炼了你的意志力，没有他们日复一日的虎视眈眈，你不可能跑得更快，跳得更高，变得更强。

　　"感恩"是一面，"惜福"则是另一面。佛家炯戒贪嗔痴是有

四种

活法

道理的。贪婪的人欲壑难填，心底漏洞极大，种种永无餍足的营求，都只不过是精卫填海，徒劳无补费精神。"损有余以补不足"，这是天之道；"损不足以补有余"，这是人间法则。贪婪无度的人败亡相继，与幸福相去甚远，简直就是南辕北辙。嗔怒的人牢骚太盛，仿佛独自背负着天底下的全部冤屈，容易导致心理失衡和变态。每个人来到世间，都始于一声嘹亮的啼哭，确实会有苦痛忧愁频频找上门来，但与其龟缩在阴影中自怨自艾，倒不如去阳光地带疗伤。珍惜手中微薄的幸福吧，毋使它轻易流失，然后视可进则进，可行则行，可创造则创造。幸福因珍惜而放大，也因珍惜而凝香。痴愚的人不能够觉悟，只知在死胡同里一条道走到黑，就算他们偶然撞见了行踪飘忽的幸福，也将对面不识，交臂错过。

诚然，这是一个厚黑学风行、丛林法则至上的时代，那些吃过"狼奶"的人注定会乜斜着眼睛睥睨"感恩惜福"这四个字。各路亢扬躁进的狠角色能够呼风唤雨，为何他们仍然被幸福打入另册？为何焦虑之火依旧烤灼他们的心灵？原因是：他们过于强势，不断践踏和鄙弃"感恩惜福"的人间法则，并且以此为乐，以此为荣。不感恩的人丧失底线，无所敬畏，最终众叛亲离。不惜福的人予人痛苦，亦予己灾祸，很难有好果子吃。世间的幸福公民舍"感恩惜福"而无所择路，他们心地善良，心气平和，有创造的灵感，无破坏的恶意，与邪佞妄不沾边，与贪嗔痴没交集，能够感恩惜福，成功和快乐又怎会沦为无源之水、无本之木？

道理简单而世事如麻，也许有人会问：啃老族、蚁族、房奴、受助贫困生、胡润中国财富榜上的富豪要如何感恩？公务员、国企职工、贪官、裸官、富二代、官二代该怎样惜福？这确实是不容回避的中国特色的难题。但愿各路高手能够鼎力合作，早日拿出标准答案来。

快乐即成功

爱因斯坦曾梦想成为伟大的小提琴演奏家。小时候，他每天练琴数小时，可是进步甚微，连父母都觉得他缺乏音乐天赋，但又怕讲出真话来会伤害他的自尊心。有一天，小提琴老师直接问他："你为什么喜欢拉小提琴？"他回答："我想成为帕格尼尼那样的小提琴演奏家。"小提琴老师又问道："你快乐吗？"他回答："我非常快乐！"于是小提琴老师把他带到花园里，对他说："孩子，你非常快乐，这说明你已经成功了，又何必非要成为帕格尼尼那样的小提琴演奏家不可？你看，世界上有两种花，一种花能结果，一种花不能结果，不能结果的花更加美丽，比如玫瑰，又比如郁金香，它们在阳光下开放，没有任何明确的目的，纯粹只是为了快乐，这就够了。要知道，快乐就是成功。"小提琴老师的话意味深长，爱因斯坦深受触动，经过一番思索后，他终于明白：这是宝贵的人生哲学，快乐胜过黄金，它是世间成本最低、风险也最低的成功，却能给人真实的受用，倘若舍此而别求，就很可能会陷入失望、怅惘和郁闷的沼泽，难以自拔。他心头那团狂热之火从此冷静下来。爱因斯坦一直喜欢小提琴，尽管拉得有点蹩脚，但快乐源源不绝。

美国传记作家戴尔·卡耐基这样写道："爱因斯坦是一个非常快乐的人。我总觉得他的快乐哲学比他的相对论更有价值。我认为他有一种优美的人生哲学。他曾经说过：'我的幸福秘诀就是——从不指望从别人身上获得什么好处。'他从不奢望金钱和荣誉纷至沓来。他总能从一些简单的事情，比如说工作、拉小提琴和划船中，找到单纯的快乐。跟其他事物相比，小提琴给他带来了更大的喜悦。他说他常常在音乐中思索，也在音乐中做着白日梦。"

快乐即成功是充满阳光的人生哲学。人们追求功名和地位，快乐无疑是预算之内的头号战果。然而有些人闷头赶路，错过沿途美景，只是为了尽快抵达巅峰。结果如何？他们可能半途而废，意冷心灰；也可能登上峰顶，却已暮色苍茫，预期的大快乐无法兑现。许多成功者多收了三五斗，却并不快乐，各有其内因和外因，但共同点显而易见：他们收获了足够多的成功的"橄榄"，却未能榨出与之相称的快乐的"橄榄油"。

在现实生活中，有一类人，脸色红润，身体健康，笑口常开，心情愉快，他们活出了人之为人的全部趣味，在事业上却未必有太大的建树，与功成名就不怎么沾边。这样的人果真是失败者吗？我看未必。

我常在湖边看人垂钓，有的钓到了大鱼仍意犹未尽，有的只钓到小鱼，却笑得合不拢嘴。久而久之，我就明白了，快乐比通常意义上的成功更重要，或者说，快乐是成功的及时显影，已获得世俗的成功却仍不快乐则是不折不扣的失败。

人生苦短，为欢几何？拈花而笑，快乐即成功，这绝非阿Q

的精神胜利法，而是明心见性的智慧。把握当下，留意此刻吧，别让快乐从手指缝里悄悄溜走。须知，你创造快乐，享受快乐，这样才不会枉过一日，枉过一年，枉过一生。

给生命加分

三年前，本单位职工去市立三医院做年度体检，结果是喜忧参半：一些闻癌色变的老编辑、老作家庆幸自己身上虽有这样或那样的病痛，却还不至于进"厂"大修；年轻一点的编辑、作家则无一例外地皱紧了眉头，毛病林林总总一大堆，有的患肠胃溃疡，有的患胆道结石，有的患骨质增生，有的患椎间盘突出，最幸运的也摊到个脂肪肝。医生说，脂肪肝由于营养过剩造成，暂时并无大碍，若长此以往不加控制，则有可能引发其它肝病，他这话也够吓人的了。

我当时命中的"标靶"就叫脂肪肝。多年来，我对肝病总怀有一种特殊的敏感和莫名的恐惧，我的朋友中已有好几位被肝病夺去了年轻的生命，散文家苇岸因肝硬化转肝癌于1999年5月猝然去世，年仅三十九岁，诗文家江堤因肝硬化导致大出血于2003年7月溘然辞世，年仅四十二岁。我见证过他们鲜活的生命，灵光闪烁，才气纵横，繁花一树，硕果满枝，一不小心，竟然就好比风中的落叶，望秋先陨了。我听医生漫不在乎地说出"脂肪肝"三个字，顿时就从内心发出生命琴弦即将绷断的痛感，这亮出的是一盏红灯，一个危险的信号，我必须引起特别警惕。

　　那以后，我开始加大体育锻炼的力度，最初是在家里做做俯卧撑，玩玩健腹器，感觉效果平平。我索性改练长跑，绕附近的公园一周，不少于 5000 米。腿如灌铅，心如鹿撞，气如牛喘，汗如雨下，我咬紧牙关，暗暗地给自己鼓劲，跑至终点，整个人形同虚脱。许多日子，换运动鞋之前我心里就会直犯嘀咕，猛犯踌躇，今天阳光太烈，今天雾气太重，今天灰尘太大，是不是该歇上一回？只差口中没像丹麦王子哈姆雷特那样喃喃念叨"to be or not to be, this is a question"了。"人是环境的产物，也是习惯的产物"，这话没错。久而久之，我自然而然就能记挂着去公园晨练这回事，出门时，太阳宛如一枚金黄的煎鸡蛋尚未起"锅"，跑到中途，阳光洒满一路，我的步履更加轻快，浑身仿佛充足了电流。

　　令我大感不解的是，公园里有那么多白发苍苍的老人在神情专注地舞剑，做操，打太极拳，练八卦掌，年轻人的身影却极为少见，莫非他们也跟我先前的想法一致，认为自己有足够的健康本钱，经得起日复一日地折腾和挥霍？如果一定要等到年岁向晚才开始珍惜生命，中年的危机很可能难以平安逾越，报纸上时不时板书的"某某某英年早逝"的字样真够扎眼的，我们最好能够从中吸取教训。

　　如今，除非大雨封门，我再忙再累，每天的功课都不会空缺，跑上那么一大圈，心里才能够安安稳稳踏踏实实。这两年多工夫跑下来，我面色红润，精力充沛，吃什么什么香，干什么什么欢，脂肪肝这捣蛋鬼呢早已销声匿迹。我那神清气爽的劲儿，往往会令一些久违的朋友大吃一惊，有的开玩笑问我是不是服食了道家的仙丹，有的竖起大拇指夸赞我文弱书生并不文弱，保准活足一百岁，行啊，好身体再加上好心情，没道理不将生命进行到底。

两、三年来，没人再叫我去砌长城，也没人再喊我去打扑克，香烟不给我递，槟榔不给我嚼，他们都知道我的口号是"健康第一"。我很少再去应酬某些场面上的饭局，但好朋友的邀请不宜深拒，我会额外加上一个要求："你请我吃饭，还得请我出汗。"我的意思当然不是要去蒸桑拿，而是要去就近的活动场所打几局乒乓球或羽毛球，这个要求不算过分，往往能够得到他们的响应。

最近，有位笔友患急性肺炎住院，让我送他一句箴言，我几乎是不假思索就说出这样五个字："给生命加分。"在我看来，数十年人生亦如漫长的足球联赛，你必须保持充沛的体能和心劲，才能笑到最后。积分是一点一点累加的，任何时候都不能松懈。体育锻炼只不过是人生中的一个项目，此外还有事业，还有爱情，还有友谊，还有许多方面，综合起来看，样样都须日积月累，才可望集大成。

如今，人们动不动就使用"给力"这个词，在这个世界上，对于个人而言，还有什么比健康更给力的？这个常识却被许多人忽略了。

你就是你

和平时期，整个社会日益呈现出价值多元化的倾向，尽管人们的健康、收入、文化、工作、表达、认知、交际的水平参差不齐，但只要个人心态不出现陡然崩盘，感情不发生猛然错位，还是能够各得其所的。

在一定范围内，明处或暗处，彼此攀比确属客观存在的事实。有权力的比谁权力更大，有财富的比谁财富更多，有名头的比谁名头更响，有家世的比谁家世更强，有容貌的比谁容貌更靓，有气质的比谁气质更好，有学问的比谁学问更精，有功夫的比谁功夫更棒，有门路的比谁门路更宽，有靠山的比谁靠山更硬，有才华的比谁才华更高，有谋略的比谁谋略更神，比来比去，昂首威风的不多，垂头丧气的倒是不少。由于山外有山，人外有人，强中更有强中手，任何硬碰硬的攀比都适足以令人自讨没趣，甚至自取其辱。

当然，也有一类聪明的角色，专与别人进行非对位比较。你有钱，我比你有权；你有权，我比你有闲；你有闲，我比你有趣；你有趣，我比你有乐，这是第一类。你有名头，我比你有家世；你有家世，我比你有门路；你有门路，我比你有靠山；你有靠山，我比你有谋略，这是第二类。你有容貌，我比你有气质；你有气质，我比你有学问；你有学问，我比你有才华；你有才华，我比你更为长寿，这是第三类。这种非对位比较多多少少总要有点阿Q精神来支撑才行，否则鸡同鸭讲，彼此根本扯不到一起去。

造物主不欲使人完美，不欲使人周全，因此智者深知：性不可逞尽，气不可使尽，权不可用尽，财不可发尽，福不可享尽，必须留有回旋余地，甚至留下遗憾，才能安妥。

近日，一位茶友给我讲述他去广西长寿乡巴马的见闻。在那个"人瑞圣地"，百岁寿星比比皆是，九十岁的老人还能照常出工。

说到底，巴马山好，水好，空气好，风景好，以往十分闭塞，长期落后，好端端的世外桃源，竟以贫困乡著称。如今时来运转，长寿乡名声大噪，举世皆知，旅游开发花样无穷，前往取经的、治病的、探奇的人络绎不绝，于是乎这位茶友看到患癌的高官巨贾就像平常百姓一样租房住下，祈求奇迹出现，为此有些人甘愿将权力和财富立刻归零，以换取更长的寿命。由于他们姗姗来迟，巴马还能够恩赐的也许只剩心理抚慰，多半是爱莫能助了。茶友感叹道："到了巴马，我感到最震撼的就是这一点，那些有权有钱的癌症患者远道而来，跪在百岁寿星面前，握紧他们的手，抱牢他们的脚，渴望沾到些许仙气，有的泪流满面，有的嗷嗷作声，昔日的体面、尊威、倨傲、狂妄全都扫地一尽，荡然无存，只强烈地意识到自己来日无多，倒计时的报数声不绝于耳。巴马成为了他们心目中最后的希望驿站，这里的泉水比茅台酒更醇香，这里的空气比任何运气更能滋养人。健康长寿成为这些患者的唯一追求，但这个追求恰恰是最没有把握的，甚至是最令人绝望沮丧的。瞧瞧，有权有钱的贵人富人跪在无权无钱的农民面前，不再去作任何对位比较，不再具有任何心理优势，他们内心虔诚，神色恭敬，这种情形你在别处能够见识得到吗？"我承认，在城市里生活多年，从未见识过。

何必一定要到广西巴马，但凡一个人具有基本的觉悟和智慧，就该明白，攀比是毫无意义的，个体的差异性比群体的共同性更为宝贵，正是它使你有别于其他人，使你在亿万人中特色鲜明，不会被大潮淹没，也不会被强力同化。有权有钱的人应该清醒地意识到，为了追逐权力和金钱，你付出的代价是否过于高昂？运

用权力和金钱能否将健康最终赎回？若要冒险一试，你就大胆上
路；若是满心踌躇，就该适可而止；最好是自始至终你都能量力
而行，别抱有太多的侥幸心。

实际上，我们的理念很容易在此汇合：尊重对方的差异性，
看重自己的特质。这样你就不会患上"红眼病"，也不会妄自菲薄。
世界是远远不够完美的，如果我们的持久努力能使它朝向完美的
方向再靠近一厘米，哪怕只是靠近一毫米，就可以长舒一口气，
倍感欣慰了。你可别老是谋想着拔山扛鼎，老是指望着翻天覆地，
还得让自己多喘息一口，多观省一番。别把自己赞为传奇，也别
把自己贬作蝼蚁，你就是你，你绝对是不可替代的唯一。

只爱青山莫惹尘

近几年，我被一些红尘俗事死死地纠缠着不肯放松，内心难
得宁静，也难得清净。好友隆君劝我去一趟贵州的梵净山，他的
话很有说服力："不到梵净山，谁也不知道自己有多俗。那里是
弥勒佛的道场，弥勒佛是未来佛。不是我哄人，你到梵净山去走
一趟，绝对能为光明的未来打一篇全新的草稿！"对于过往，世
人的态度普遍麻木；对于未来，则很少有人漠不关心。当然，我
也不会例外。

六月下旬，兑现这个想法的时机终于成熟，我与隆君、袁君
结伴，驱车前往六百多公里外的梵净山。途经湘西凤凰时，我们
住在灯火不灭的沱江边，枕着一夜的哗哗水响，反而睡得香沉。

第二天大早，我们就起床用餐，前往附近的旅行社请导游，然后朝着贵州铜仁方向疾速进发。一路上，导游恪尽其职，给我们详细讲解苗家的民风民俗。她说，苗家对歌定情，姑娘喜欢小伙子就轻轻地踩一下他的脚背，小伙子喜欢姑娘就偷偷地扯一下她的衣角。苗家称帅哥为"点菜"，称美女为"点炮"。她的话音一落，满车人立刻坏笑。这就是心不净啊！梵净山就在一百多公里外的地方迎候我们，但积习难改，浑身烟火气想藏掖都藏掖不住。

佛度一切有缘人，若无缘他也不度，其俗入骨者如同病入膏肓，不仅扁鹊、华佗宣告束手无治，恐怕佛祖也很难妙手回春。就算这样，还是有人抱着侥幸心理，急切地想去梵净山试一试，不试又怎么知道还有没有灵药可以救度自己呢？

梵净山的最高峰凤凰山海拔 2572 米，号称"武陵之巅"，我们要去攀登的新金顶海拔也不低，高达 2336 米。我主张徒步登山，但袁君大腹便便，隆君脚力有限，最终我们选择了坐缆车，直抵海拔 2000 米的地方。好友隆君生性诙谐，竟以屈原的诗句"路漫漫其修远兮，吾将上下而求索"来自我解嘲。高山缆车是懒人的好工具，然而下瞰深谷，万壑奔流，使患有恐高症的袁君很受了一番惊吓。这也许就是梵净山的震慑疗法吧，游人都被悬吊在半空，上不着天，下不着地，只感觉自己渺小而无助。

我们下了缆车，朝金顶进发，半途中，袁君气喘咻咻，汗流浃背，抚大腹而踌躇，他决定到此止步，向金顶恭行注目礼。我们说："大老远都走过来了，就只差这一段路，坐滑竿也得上去啊！"袁君的回答瓦解了我们的劝导："让人抬着走，我的心就不诚了，尽力到达这个地方，我已经心安。"

导游脚力富裕，我和隆君勉强能跟上。到了金顶下，我们才知道，金顶还分新金顶和老金顶，双峰耸峙，相距一里之遥，老金顶比新金顶更高，海拔 2472 米。考虑到时间不敷所用，导游让我们选登一座山峰。近看，新金顶有点像是梵净山的大拇哥；远看，新金顶有点像是巨型的眼镜蛇头，能产生一种悚人的视觉效果。我和隆君决定征服它。

　　上新金顶，有两条路可以选择，一条危险，一条安全，我们想体验探险的滋味，拽着铁链，小心翼翼地攀爬，相比华山、泰山和黄山的险峻，新金顶的这一百米羊肠路驾乎其上而绰绰有余。有的地方陡如斧削，有的地方狭可容身，有的地方简直无所措手足。中途歇憩时，隆君对我说："那些在官场和名利场打拼的人不应该先去南岳大庙烧高香，应该先到这里来爬一爬新金顶，增长点悟性才行。'一失足成千古恨，再回首是百年身'，他们只有到了这儿亲身体验一番，才会真正明白事理。"攀岩时，我们的注意力最集中，谁也不会咋咋唬唬地高喊什么万岁了，能够保全自己此时此刻的平安就已谢天谢地。

　　新金顶上有两座庙，一座馨香供奉释迦牟尼佛，一座馨香供奉弥勒佛。有人屈膝跪拜，烧高香，敬奉功德钱，也有人双手合十，伫足静观，敬献心香一瓣。佛家无分别心，无势利眼，各行其便，各得其宜，这样就好。与弥勒佛相关的对联很多，我最喜欢的一副是："大肚能容，容天下难容之事；开口便笑，笑世间可笑之人。"高境界，诙谐语，更见其不落凡窠和俗套。

　　山顶风寒雾湿，游人不堪久待。我们从石级路返回到金顶下方，驻足仰眺：游荡的雾气偶尔来之，偶尔去之；傲兀的孤峰倏忽现之，倏忽匿之；摄影的游客傥然得之，傥然失之。此时，我脑海里蹦出的竟是那句网络妙语"神马都是浮云"，你说怪不怪？流臭汗，喘粗气，上金顶，我能把这句话彻底吃透，也算是没白跑一趟了。望峰息心是一件大难事，但任何大难事都得有人去做，也总会有人做好它，这就行了。

在归途中，我留意到，不少野樱桃树上系着长长短短的红布条，这是为何？导游的说法是，许多人相信这些野樱桃树生命力强，系上红布条就可以祈求长寿多福。我们听了，相视而笑。游客到梵净山来祈求这些俗世的好处，应该说是表错了情，走错了路，烧错了香吧。

青山才有本色，无须鸣高而自高，不仅海拔高，而且境界高。在梵净山，我对此感受特别强烈。半夜里，月窥东牖，诗兴遄飞，不用推敲字句，就已霍然生成：

> 荣枯几度不由人，古木苍苍苔满身。
> 繁星一望如沙数，只爱青山莫惹尘。

纳芥子于须弥不难，纳须弥于芥子才难。当心中能装下一座与世无争的青山时，我们就不用从大老远跑来跑去谋求治病疗俗的良方和灵药了。

虫鸣声沸响不息，但我心静得像透窗而至的溶溶月光，红尘中的热症都被这一帖清凉治愈了。此时此刻，不必拈花微笑，也已百虑澄明。

将书放生

乍看去，这个题目似乎写错了，应该是"将鱼放生"才对。谁有能耐将书放生呢？书能在空中飞、在山间跑、在水底游吗？显然不能。书没有呼吸，没有心跳，没有脑电波，没有任何生命体征，又如何能将它与"放生"二字扯上关系？

近日，友人告诉我，一位曾听过我的讲座、叫过我"王老师"的作者对我意见很大，甚至通过网络到处说我的"坏话"，原因很简单：她送给我的一本散文集被我处理到了旧书店，她恰巧与它撞个满怀，因此受到极大的刺激，跟我这位朋友喝酒时，谈及此事，甚至泪流满面。一个女人借酒浇愁，为这等事体挥泪如雨，可见她的痛苦不是佯装出来的。

友人问我："处理书籍的时候，你为何不将她的签名页撕掉呢？这样做，一了百了，就神不知鬼不觉了。"我回答他："你是清楚的，我一向真情至性，不畏人言，不怕人骂，但求无愧于心，何况我这样做自有理由：一是明人不做暗事，我对自己的行为负责任；二是不毁损书籍，让有意购买此书的人能获得完璧，不致感觉遗憾，我是爱书人，所以特别注重这一细节。"友人说："她难过，是因为自尊心受伤，面子上挂不住，她的宁馨儿竟然是这样的归宿。"我笑道："老兄，她若这样想，那就大谬不然了。我在旧书店购得过许多好书，其中不乏文豪和大师的经典著作，当代许多名家的作品也能在旧书店觅得芳踪。她的书到旧书店安家落户，不仅不丢脸面，而且至少说明一点，店主是认可它的，否则她的书连这一席之地也捞不到，那才是真正的悲哀。"友人不再批评我，但他仍坚持认为，我将别人赠送的书这样处理掉，容易引起不必要的误会。

有人的地方，肯定就有误会，这是没有办法的事情。何况各人行事的方式迥然不同，对事情的理解和看法也迥然不同，徒然求其整齐划一既没有必要，也是绝对做不到的。这里必须声明的是：我并非将所有的赠书一本不落地处理掉，有些朋友的精心之作，有些文坛新锐的发韧之作，由于它们的文学价值显而易见，我都视若瑰宝。近几年，我每年都会收到各类赠书三百册左右，这些书，有的是淘友赠送的，有的是师友赠送的，有的是出版社编辑赠送的，有的是一些不认识的作者寄赠的。如今，自费出书蔚然成风，且蔚为大观，写作数年尚未出书的人还真难寻见一二，于是乎，我得书的机率较之往岁更要大出许多。我有一间三十平米的书房，三面都是书柜，藏书数千册，老实招供吧，这间书房里面绝大多数的书都是我多年来精挑细选的中外典籍，当代人的著作并不多，大约只有五百余种。实际上，我不像某些藏书家，对各类书籍不辨良莠，不分美陋，照单全收，好向人夸耀自己的藏书数目，一万余册啦，五万余册啦，甚至十万余册啦，我没有这样的虚荣心，因此每年都要处理掉一些书籍，长沙市旧书店的老板差不多都到我家里收过书。有时我甚至会将一些业已浏览过的准经典准名著处理掉，以保持书房的整体格调。我个人认为，如此新陈代谢，如此去芜存精，是大有必要的。我也坦白承认，有些人送我书，我只会大致翻一翻，无暇细读，我编一份文学月刊，平日读了太多当代人的东西，我真要静心读书，必然另有个人口味上的选择。

　　我有一个成熟的观点：把别人赠送的书扔在墙角，丢进旮旯，打入冷宫，任其蒙尘，听其吃灰，甚至将它当成废品和垃圾卖给收荒人，那样子是不道德的。那些书无论多么粗糙，毕竟凝聚了作者的心血，应该给予必要的尊重。那么它们最佳的出路在哪儿？当然是书店，能将它们买走的人一定是认可它们的人，情人眼里出西施并非奇迹，这种事在书店里比在情场上更容易发生，只不过是将读者置换成"情人"，将书籍置换成"西施"。因此那位叫过我"王老师"的作者一旦见到她赠送给我的散文集在旧书店露面就恼羞成怒，实在是没有必要，她压根儿就没把这番道理弄明白。

　　我有位朋友跟我一样喜欢逛旧书店，要是偶然撞见自己的著作立于书架上，他就不管三七二十一，将它买下来。我问他何必这样紧张兮兮。他说："我买去送人吧，别让它在这儿处于待嫁的剩女状态。"对他的这种做法，我也不以为然。在旧书店见到自己的著作，我一向神色泰然。它们处于待嫁的剩女状态才是正常的，有朝一日喜欢它的人将它买去，那才叫爱的结合，那才叫得其所哉。

　　我突然记起一个故事，某公在旧书店见到自己赠给某友人的专著摆放在书架上，内心愤然，极之不爽，他当即将它买下，再度寄给某友人。某公这样执意而为，固然使对方难堪，也使自己掉分，何苦呢？人有人的缘分，书有书的归宿，强扭的瓜不甜啊！

　　临到本文的结尾，我重提"将书放生"，我估计聪明人是不会再产生任何误会了。它们没被捂在尘灰里奄奄一息，哀哀求救，而是像鱼儿欢快地游进书店，游归某位有缘有分的读者手中，那才真是值得庆幸的事情。

精神洁癖

爱洁而成癖，在大众的理解中，是近乎病态，含有贬义的。

我家就有一位"久患洁癖"的长辈亲人。她出门必戴手套，手指碰触到任何异物后，都要赶紧清洗，一天要洗多少次？很难计数。她的床铺不许男人坐，万一哪个冒失鬼将他的臀部放错了位置，她可不顾情面，立刻更换床单，令对方尴尬不已。别人夏天冲澡不到十分钟，她却要一小时；别人洗青菜只洗四遍，她却要洗八遍十遍；别人只淘米，她却要搓米。我看着都累，她却习以为常。

有一次，我对她说："姑妈，这世界没你想象的那么脏，一个人爱干净要是爱过了分，身体的免疫力是会下降的。"

她对我的说法相当恼火，语气强硬地回击道："你这是找借口，你喜欢做脏鬼只管做去，不爱干净，是懒，是习性不好！"

我自问还算爱干净，但在她面前，却变成了脏鬼，竟无法申冤，她更不会给我平反。

细想想，中国人对身心两方面的洁癖都是极其排斥的，一旦患上精神洁癖，就会变成大众心目中的怪物和异类，不受人待见了。

如果说"振衣千仞冈，濯足万里流"还能赚到几声零星的吆喝，那么"水至清则无鱼，人至察则无友"就如同当头棒喝，"举世皆浊，唯我独清"的三闾大夫屈原若不怀沙自沉于汨罗江，还真找不到别的精神出路。周敦颐的《爱莲说》是千古名文，那句"出淤泥而不染，濯清涟而不妖"，小学五年纪学生都能背诵，但你放眼历史，暴得大官、大名、大利的有几人能与这十二个字沾边？

古人说："势利纷华，不近者为洁，近之而不染者尤洁。"这确实是非常规的高难动作，连孔丘的贤徒子夏都做不到，他曾发出过真心实意的感叹："出见纷华盛丽而说（通悦），入闻夫子之道而乐，二者心战，未能自决。"一个人热衷势利，那他自污灵魂，自沼精神，似乎就是迟早会发生的事情。东汉大学者管宁与师兄华歆割席断交，并非华歆干了什么丢人现眼的事，只是因为他刨地时拾起片金，看热闹时羡慕达官贵人的排场，在今人看来，仅凭这两件事很难构成断交的要件，但管宁看的是苗头和征兆，他将华歆视为浊俗之徒，彼此志不同，道不合，与其以后翻脸，倒不如今日绝交。事实证明，管宁看扁华歆，只有一半的准确性：华歆固然追求权势，趋奉曹氏父子，但他并不贪污受贿，恰恰以清廉著称。

精神洁癖恒使人焦虑和愤激。歌德肃立路旁，向王室车队脱帽敬礼，贝多芬就看不顺眼，对好友此举不无嘲弄。胡适接到逊帝溥仪的电话，进宫去与那位十七岁心境寂寞的少年聊了一回天，鲁迅就抓住这个题材挖苦讽刺。平心而论，歌德彬彬有礼并非谄媚成性，胡适人情味十足也不是要做帝师，贝多芬和鲁迅的道德优势就很难令人信服。

　　这个世界之所以不乏生机，是因为众人众物参差多样，并不是简单的二元对立，在清与浊、善与恶、美与丑、好与坏的少数极品之外，还有更为复杂多变的样本，它们宛如瑕瑜互见的玉石，耐人琢磨。只有简单的思维和粗暴的判断才会在二元对立的世界里非此即彼，非可即否，让成见和陋见蒙住眼睛。

　　许多人（包括某些"历史学家"）的说法惊人地一致：北洋军阀搜刮民脂民膏，简直到了敲骨吸髓的程度。然而现代史上却偏偏有一个极其廉洁的军阀头目段祺瑞，他当过北洋政府的内阁总理，却只爱一枰棋，不置一间屋，不买半亩地，被称为民国独一无二的"不抽不喝不嫖不赌不贪不占"的六不总理。三一八惨案（并非段祺瑞下令开枪）后，他向死难者遗属当场下跪，自疚神明，从此茹素，至死不食荤。侵华日寇请他出山，组织华北伪政府，他誓死不从。若单纯从政治的角度去衡量这个人物，段祺瑞也许是负面的，是罪大于功的，甚至连他平定张勋复辟、挽救共和的功劳都填不平那口黑洞的十分之一，但他的精神魅力却不容辱没，值得后人敬重。

　　精神洁癖的程度因人而异，因时因地而异，不能作草率的评估和褒贬。但有一点是不可含糊的，一个人若放弃对精神高洁的向往和追求，甘愿在肮脏中打滚，在龌龊中寻欢，他就将丧失掉体验内心纯净之乐的宝贵机会，每个人一辈子至少应该有几次高尚的冲动。

　　明代文学家张岱有一句名言："人无癖，不可与交，以其无深情也；人无疵不可与交，以其无真气也。"我想，张岱所说的"癖"，肯定包含了精神洁癖。

在爱情岛上"约鱼"

公园中央有一座小岛,俗称爱情岛。此岛三面环水,实为连体葫芦,稍大些的葫芦在内侧,稍小些的葫芦在外侧,连通它们的是一座结实的杉木桥。岛上有水杉数百棵,苗壮挺拔,蔚然成林。

岛上常有情侣流连忘返。难得的是,这片神秘宁静的领地也准许外人涉足,那些钓鱼爱好者早已反客为主,我称之为"僭主"。

几年前,本城修建隧道,路线恰好从公园地下穿过,施工方受命将湖水抽干见底,清理掉黑如煤渣的淤泥,铺上一层细沙,再用涵管连通三公里外的河流,昔日浑浊不堪的死水因此变成了清澈可鉴的活水,数不胜数的各色鱼苗便陆续前来安家落户。

起先,公园里禁钓,偷钓者做贼心虚,巡查人员疲于应付。久而久之,公园管理处巡查不易,每年市民放生的活鱼则越来越多,无形之中禁钓令就废弛了。从此,在爱情岛上,垂钓客过起了无忧无扰的神仙生活。天晴的日子,我常去岛上漫步,景色旖旎,空气纯净,固然具有足够的吸引力,但看看那些垂钓者的收获,更能满足我的好奇心。

有一次,唐师傅钓起一尾十多斤的草鱼,他耐心与之周旋,时而放线,时而拖钩,直到把草鱼累趴了,他才稳稳收杆。唐师傅意定神闲,就像是刚打了一趟太极拳,气不喘,汗不流。另一回,唐师傅钓起一尾五斤多的土鲫鱼,他喜形于色,对我说,这么大个的土鲫鱼真还没见过。田老师人到中年,每逢周六、周日,必来岛上择地垂钓,我见证过他半天钓起三十多条翘白子。田老师口风诙谐，相当有趣。攀谈时，他曾对我说："岛这边的鱼比别处的鱼更喜欢咬钩。"我问他为什么，他回答道："可能是它们更容易感情冲动。"他还笑道："我来这里不是钓鱼，而是约鱼。"别小看这一字之差，二者的性质可就迥然不同了。冬季，他也常常白忙活半天，两手空空，一无所获，他就自嘲道："满湖的鱼没一条肯来赴约，我在爱情岛上失恋了！"像田老师这样的"失恋者"不止一个，许多垂钓客同病相怜。他们干脆聚在一起聊天，总有许多现成的谈资和笑料。田老师打趣道："那些欲壑难填的人钓美眉，钓得好的变成了情圣，钓得不好的，杆子都被没收了，还要坐牢，风流很可能变成风险，远不如我们这些姜太公的徒子徒孙，安心只会变成安全！"大家照例打一串哈哈，惊飞几只在枝头窃听的鸟雀。

　　我在岛上盘桓时，不免沉思：有人以巨杆长线钓于汪洋沧海，有人以细杆短线钓于湖泊沟渠，二者形式不同，结果也迥异。只要世间还有可以钓获的鲜美贵重之物，垂钓客就会应运而生。姜太公用故意抻直的鱼钩钓到了周文王求贤若渴的目光，堪称千古钓客中首屈一指的人物。严子陵不肯接受同窗好友、汉光武帝刘秀赏赐的荣华富贵，隐居于富春江边，做一个无欲无求的钓翁，也很快活。这说明，大钓客既可以舍弃自由去钓取功名，也可以舍弃功名去钓取自由，适性适愿就好。到了宋朝，皇帝时常举行赏花钓鱼宴，钓鱼只是个由头和噱头，真正的作用在于深居九重的皇帝借此与廷臣联络感情，近距离观察他们的诗品和人品。钓鱼宴让一些人现了原形，丢了乌纱帽，也让一些人开了眼界，捡了香饽饽，因此那些赴宴的臣子钓鱼和赋诗时就难免各怀心思，忐忑不安。

慢生活并不复杂。唐师傅和田老师在岛上约鱼，不管鱼群来还是不来，他们都在那里，从未惘然失落过。富氧的树林，暖心的鸟语，惬意的交流，全是城市忙人见者有分的收获。不食灰尘，不吸尾气，自在如此，夫复何求？

我在岛上久久盘桓，看到两情相悦的情侣林中依偎，收放自如的钓客湖边观望，霍然而悟：天地间活色生香的剧目实为众生而设，演员与观众可以一身而兼任，又何乐而不为。尽情享受这种快乐的约会吧，习惯爽约的人才真叫傻瓜。

造命堪称自驾游

命运太过神秘，处于传奇戏码和事理逻辑之间那个狭小的夹角盲区，鹰眼看它不见，猱手摸它不着，人脑猜它不透。

西方人崇信科学，连胆小的鼠辈都敢肆意嘲讽上帝，但命运女神的宝座安如磐石，至今无人敢去觊觎，更别说颠覆。这是为什么？据说，谁要是得罪了仁慈的上帝，还可以通过忏悔寻求宽恕；谁要是得罪了喜怒无常的命运女神，就会惨遭变本加厉的报复。

东方人比西方人更迷信冥冥之中自有定数。"死生有命，富贵在天"，"命里只有八合米，走遍天下不满升"，听着古人留下的这类名言，你就会有一种被某个隐形恶灵点穴、锁喉、踹裆的感觉，不毛骨悚然才怪。

　　孔子不愿谈论怪力乱神，但他对门下弟子有一个相当严肃的告诫："君子有三畏：畏天命，畏大人，畏圣人之言。小人不知天命而不畏也，狎大人，侮圣人之言。"在他看来，敬畏天命要超过敬畏君王。这确实有点不可思议，君王掌握着万民的生杀予夺之权，天命则充当无形之主，布下无物之阵，恰恰是这个隐形的狠角色更令人胆寒。

　　有人说，命运常常纵容恶人而苛待善人，欣赏悲剧而厌弃喜剧。如果我们不详加剖析，单看表象，这话似乎在理。就说历史上那些恶名远扬的嗜血暴君吧，命运待他们确实不薄。商纣王发明炮烙之刑，剜心居然还要数窍，也曾有人冒死进谏，要他爱民惜福，别把坏事做绝，否则可能会遭到各路诸侯的联手反抗。残暴的商纣王并不昏庸，为何他将这些逆耳忠言当成耳旁风？原因只有一个，他自命不凡，无人可及。即使形势已经恶化，他仍然放出豪言："我生不有命在天夫，彼何能为？"这话的意思不难懂："我是天命所归的君王，他们能够闹出多大动静？"商纣王居然拿天命说事，用它做自己的王牌，这就说明，他有个错觉：天命是慈爱的亲娘，就算孽子胡闹到无可收拾的地步，她还是会出面为他擦干净屁股。

　　然而凡事总有例外，慈母也会翻脸，甚至大义灭亲。尽管灭得太迟，许多无辜的生灵已惨遭涂炭，但她毕竟改变了主意。彻底失宠的商纣王至死也没弄明白一个铁的事实：天命无嫡子，只有义子。那些迷信天命是慈母的暴君，夏桀、商纣、尼禄、秦二世、隋炀帝、伊万四世、希特勒，最终都被命运女神彻底抛弃和修理了。当然，你也别指望命运女神悉数严惩她的义子，历史上，也有少数暴君（例如明太祖朱元璋）寿终正寝，甚至还被愚民长期顶礼膜拜。这种现象就等于告诉人们，"除恶务尽"只是一个美好的愿景。但你也不要太悲观，邪恶与善良始终保持着变量的相对平衡，尽管从表面看去，邪恶似乎更容易占据绝对上风。

必要时，天命也会被失败者拿来当作挡箭牌。它究竟能够挡住怎样的箭矢？在四面楚歌的垓下，项羽演出了千古奇悲的压轴大戏"霸王别姬"，那首主题歌，"力拔山兮气盖世，时不利兮骓不逝，骓不逝兮可奈何？虞兮虞兮奈若何"，早就赚足了后人的眼泪。三十岁的楚霸王不肯退回江东，去重整旗鼓，既是愧疚所致，也是绝望所致。楚霸王为何绝望？因为他痛切地感到天命已经抛弃他，"此天之亡我，非战之罪也"，这句临终哀叹就是答案。

天命摆布大人物，据此影响小人物。除开极端情形（不可逆的天灾人祸），在命运跟前，其实小人物也会有伸脚的余地和游刃的空间。女学者陈衡哲就曾经作出相当靠谱的总结："世上的人对于命运有三种态度：其一是安命，其二是怨命，其三是造命。"态度决定一切。安命者说："得之，我幸；不得，我命。"怨命者说："命运是偏心的后娘，我对她恨之入骨！"造命者说："只有想不到的，没有做到的，办法永远比困难多。"

一个人能安时处顺，与世无争，不瞎折腾，这没什么不妥。怨命则不如造命，因为怨命无济于事，徒然伤害自己，造命则是径直朝向希望之旭日冉冉升起的远方前行，尽管也可能受阻于断崖绝壁，受毁于人祸天灾，但在造命的过程中你会感觉良好，既不患得患失，又不怨天尤人。这才堪称人世间一趟名副其实的自驾游，方向盘就稳稳当当地掌握在你的手中。

乙卷

第一辑：多研究些问题

人类之所以有别于其他动物，就因为人类既有追问"为什么"的冲动，又有寻求答案的本领。倘若谁主动放弃这项与生俱来的权利，那么他还不如趁早去马戏团报到为妙。

秦二世是怎样死的

秦二世胡亥是怎样死的？你若问我，我还真拿不准，尽管我读过《史记》。问题恰恰就出在太史公司马迁身上，他摆了个乌龙，在《史记》中给我们留下了两个迥然不同的版本。第一个版本见于《秦始皇本纪》，第二个版本见于《李斯列传》。我们先来看第一个版本：

陈胜、吴广起义之后，举国大乱，秦二世先被赵高蒙蔽了一段时间，后来纸包不住火了，他才得悉实情，因此越想越生气，立刻派宦官去责备赵高清剿关外盗贼太不得力。

赵高深知秦法的厉害，对于"办事不力"的罪名，朝廷问责可重可轻：重则可以砍头灭族，轻则只是虚惊一场。赵高结怨树敌太多，等着食其肉寝其皮的人满街都是，他很害怕，于是将咸阳令阎乐（他女婿）和郎中令赵成（他弟弟）找来，晓以利害，定下毒计：郎中令赵成作为内应，诈称有大贼犯驾，然后阎乐率千余名官兵追捕而至，一直追到望夷宫的大门口，以迅雷不及掩耳之势拿下卫队长，冲进宫去，后面的文章就好做了。

宫中全无防备，阎乐率领的官兵没有遇到任何有效的抵抗，毫不费劲就杀进了秦二世的寝宫，放箭射他的帏帐。胡亥气得七窍冒烟，让手下人拼命，到了这步田地，平日那些唯唯诺诺的奴才全不管用了，顿时作鸟兽散。只有一名宦官仍留守在胡亥身边，胡亥逃进内室，用责备的语气对他说："你干吗不早一点把赵高的胡作非为告诉我？竟让我落到今天这么悲惨的境地！"这蠢家伙真是至死不悟，居然责怪身边人不进谏，他杀掉的忠臣还少吗？阎乐急着履行完程序，好回去向赵高复命，他历数胡亥的罪恶，准许他自杀。死到临头，胡亥仍不断降低自己的要求：见一下赵高？不行；降为郡王？不行；贬为万户侯？不行；黜为庶民？不行。他的哀求全被阎乐驳回，万般无奈，只好伏剑自裁。

关于秦二世胡亥之死，太史公司马迁给出的第二个版本更像是历史传奇小说，加进了许多虚构和想象的成分，还添入了神秘的佐料，因此可读性大大增强。

秦二世入住望夷宫的第三天，赵高命令宫外的卫士全部换上白衣服，手持武器，面朝宫墙站立。他跑进宫去，装出一副极度沮丧的神情，对秦二世说："关东的盗贼已蜂拥而至！"

秦二世登楼一看，竟全是身穿白衣银铠的士兵，仿佛从天而降，自己的卫士却连半个鬼影子都不见了。他信以为真，顿时大惊失色。赵高赶紧半劝半逼秦二世胡亥伏剑自杀。估计他还说了这样的话："陛下是万乘之主，万万不可落入贼兵手中，辱没天子的尊严！"秦二世胡亥真够听话，就这么乖乖地自杀了，都没想过让"忠臣"赵高死在他前头。

胡亥断气后，赵高立刻解下那方代表最高皇权的玉玺，佩带在自己身上，赶回咸阳宫，急于登基。可是百官不从，他上殿，殿堂也跟他过不去，仿佛发生了地震，摇摇晃晃要倒塌。赵高眼看天意不赞成他篡位，群臣不听从他称帝，只好作罢。

太史公给出的第一个版本是阎乐逼死了秦二世，第二个版本则是赵高骗死了秦二世。作为公认的信史，《史记》居然留下如此明显的破绽，着实令人不得要领。要我二选一，我还是更喜欢他的第一个版本，尤其是秦二世谈判时的弱智表现，极具画面感，也表现出了人性最真实的一面。难道嗜血魔王也会有人性？没错，他们的人性往往只在大祸临头时才以极其弱智的方式透露出些许端倪。

此后，子婴刺杀赵高，司马迁也提供了两个不同的时间，一是在子婴登基之前（见《秦始皇本纪》），二是在子婴即位之后（见《李斯列传》）。这道题目的答案同样令人挠头，没法子，你也得闭上眼睛任挑一个才行。

"历史是一本糊涂账"，此说由来已久，真不是瞎掰的。太史公司马迁下笔严谨，他著史时距离秦朝灭亡尚不足百年，许多史实就变成了一团理不清的乱麻，歧说难证，传言莫辨，他只能两存其疑，不作个人的臆测和武断。更久远的历史又有谁说得清？历史是粗线条的，我们若猛抠细节，只会自讨没趣，大失所望。

冯友兰曾改造胡适的话说："历史像个'千依百顺的女孩子'，是可以随便装扮涂抹的。"这话仅仅说对了一半，试举秦二世、赵高为例，他们是怎么死的？死在何时？可能会有不同的版本，但胡亥是暴君，赵高是奸贼，这个评价却十分明确，没有争议，盖棺之后也就不能任人"随便装扮涂抹"了。

时代精神的嬗变

每个历史时期都有其显山露水的时代精神，五四时期是"德先生"和"赛先生"（民主和科学）主导国内的进步思潮，抗战时期是"还我河山"的全民心声压倒其他杂音，自上个世纪八十年代开始的新时期则以"改革开放"为将令。时代精神是一面绝好的镜子，可以完整呈现彼时代和此时代国人的精神风貌。

有一点值得我们特别留意，知识精英对时代精神的引领作用已日益衰减，由主角变成配角，再由配角变成跑龙套。何以至此？知识精英不难从自身的落伍找到原因，相比蔡元培、陈独秀、胡适、鲁迅、傅斯年等一大批狂飙激进的五四人物，今日的知识精英顶多只能算是一群在人文精神的矩阵中找不到北的迷失者，他们的知识积累和精神境界都远远不及那些久已仙逝的老前辈。话语权的旁落，以及从风气的引领者沦为媚俗者，也就事有必至，理所当然了，其间的落差未可以道里计。

谁要想听一听中国知识界的响动，总以抽取北大和清华做样本为宜。清华大学的终身校长梅贻琦有一句传世名言，"所谓大学者，非谓有大楼之谓也，有大师之谓也"，适成鲜明对照的是，2011年网络上爆出了"真维斯冠名清华大学第四教学楼"的负面新闻。尽管清华大学资讯学院教师李希光巧解"真维斯楼"是"真理维护者居于斯楼"，大家仍感到疑惑：如今清华大学到底是更缺大楼，还是更缺大师？面对拜金主义的滔天海啸，一所百年名校竟以这种方式去草草应对？武汉大学原校长刘道玉在那封写给清华大学的长信中提出了五条"逆耳的忠言"，第二条是这样的：

> 应当树立什么样的大学精神？在清华大学的介绍中说："学校精神：独立之精神，自由之思想"。在清华大学的百年校史上，的确存在着这样的精神，正是这种精神孕育出了大批翘楚和大师级的人物。可惜，这种精神并没有继承下来，无论是独立也好，或是自由也好，恐怕都只是停留在口头上。请问：你们对教育部有自己的独立自主权吗？你们又给了学校的教授和学生们多少的独立和自由呢？如果你们真的有独立和自由之精神，那陈丹青先生又怎么会辞职呢？反倒是，他离开清华以后，才真正获得了创作上的独立和自由，这难道不值得你们认真反思吗？

清华大学百年校庆特刊的封面设计别出心裁，以校友中尊者贤者的照片构成拱形校门，置顶的不是清华的老校长梅贻琦，也不是王国维、梁启超、陈寅恪、赵元任这些大师，而是清一色的政治人物，官愈大而位愈高，等级森严，顺序倒是一点也没弄错。你只得老实佩服它：太牛了！该入无双谱。

清华有权势可以炫耀，北大也不会短缺炫耀的资本。

日前，香港《东方日报》发表酷评《津津乐道产富豪，北大斯文剩多少》，指出内地高校既向钱看，又向权看，斯文扫地，误人子弟，令国人忧愤不已。北京大学校长周其凤在北大企业家俱乐部成立仪式上津津乐道，最近十一年从北大校友中诞生了七十九位亿万富豪，连续三年居内地大学榜首。堂堂百年名校的校长，不为本校的学术大师断代而心急如焚，却汲汲于追求培养富豪的数量，周其凤还有几分校长的样子？北京大学这块金字招牌还有多少含金量？

《东方日报》的酷评对北大校长周其凤敲打得够狠，也够准。在财富沾满"原罪"的原始积累时期，北大培养亿万富豪的功夫于中国数百所大学中独领风骚，独占鳌头，这到底是福是祸？果真是一件值得炫耀的事情吗？北大的先贤不向权势献媚（傅斯年骂倒两任国民党政府的行政院长孔祥熙和宋子文），不向金钱折腰（蔡元培在香港逝世后无钱营葬，由友人解囊承担；陈独秀拒绝蒋介石和国民党高官的资助，在四川江油贫病而终），这种风骨已随风而散了吗？大师云亡而富豪上位，这究竟是北大的进步，还是北大的堕落？我相信明眼人自有判断。

一国之大学必是一国之人文精神的桥头堡，若在权力意识和金钱意识的轮番攻击之下，雄关失守，阵地沦陷，学者丢盔弃甲，学子落荒而逃，那样的情形何等难看，何等难堪！北大复兴"孔教"（对孔方兄顶礼膜拜），其他大学也不乏"孔门"的忠实信徒。

北京师范大学管理学院教授、博士生导师董藩对他的研究生讲过这样一句名言："当你四十岁时，没有四千万身价不要来见我，也别说是我学生。"他认为"对高学历者来说，贫穷意味着耻辱和失败"。尽管后来他在接受新华社《国际先驱导报》的采访时作出了详细的解释和修正，一再强调他培养学生的财富意识是出于为师的责任心，但仍然不能自圆其说。如果将财富积累视为唯一造福或征服社会的可取方式，百分之九十的人所做的工作就会顿失凭依，一个价值多元的社会就会陷入到唯"财"是举的困境和绝境。

我们谁愿意在时代精神上烙下"财雄势大"这四个字？中国的贫富悬殊非比寻常，基尼系数早已突破 0.4 的"国际警戒线"，值此"佳期"，由北大校长和北师大教授大谈特谈造富神话，无疑是一个莫大的讽刺，也是火上浇油。假若北大校长周其凤仔细研究了那七十九位北大出身的亿万富豪的造富经历（姑且设定这些经历可以昭告世人），他肯定会大跌眼镜。恐怕他也是只知结果，不知因由吧。

中国到底是富豪多，还是"负翁"多？这道选择题其实不难交卷。极少数人财大气粗，而大多数人则在做房奴，在生存线上苦苦挣扎。知识精英（权且认证他们还是精英）的眼光理应多关注民生疾苦才对，少趋炎附势才好，那些把"钱先生"和"权先生"捧上天的人非不能也，实不为也。

大学究竟是干嘛的

两年前，北大钱理群先生在"《理想大学》专题研讨会"上语惊四座："我们的一些大学，包括北京大学，正在培养一些'精致的利己主义者'，他们高智商，世俗，老到，善于表演，懂得配合，更善于利用体制达到自己的目的。这种人一旦掌握权力，比一般的贪官污吏危害更大。"细味其言，当代中国教育已不再培养那些能将人文精神和科学精神实现无缝对接的人才，大学已堕落为"官僚养成所"和"职员培训机构"，甚至蜕变为"狼族的渊薮"和"赢利的产业"，这样的事实确实令人不寒而栗。

1918 年，蔡元培先生在开学演说词中阐述道："大学为纯粹研究学问之机关，不可视为养成资格之场所，亦不可视为贩卖知识之场所。学者尤当有研究学问之兴趣，尤当养成学问家之人格。"同年，他在《〈北京大学月刊〉发刊词》中进一步阐明自己的观点："所谓大学者，非仅为多数学生按时授课，造成一毕业生之资格而已也，实以是为共同研究学术之机关。研究也者，非徒输入欧化，而必于欧化之中为更进之发明；非徒保存国粹，而必以科学方法，揭国粹之真相。……大学者，囊括大典，网罗众家之学府也。"蔡元培先生主张"兼容并包"，崇尚"思想自由"，他认为教育者的使命是要使受教育者"走出奴化状态"，万不可将思想者当成有问题有缺陷的精神病而加以扼杀。1930 年，蔡元培为《教育大辞书》编写词条，他对"大学教育"是如此定义的："近代思想自由之公例，既被公认，能完全实现之者，却惟大学。大学教员所发表之思想，不但不受任何宗教或政党之拘束，亦不受任何著名学者之牵制。苟其确有所见，而言之成理，则虽在一校中，两相反对之学说，不妨同时并行，而一任学生之比较选择，此大学之所以为大也。"蔡先生认为"大学教育"的核心是"思想自由"，舍此，则大学不足以言大。

二十世纪三十年代初期，清华大学校长梅贻琦发表过一个为人称道的著名论断："所谓大学者，非谓有大楼之谓也，有大师之谓也。"抗战胜利后，西南联大无疾而终，清华大学重归旧址，梅贻琦先生在《校友通讯》中再次强调："纵使新旧院系设备尚多欠缺，而师资必须蔚然可观，则他日校友重返故园时，勿徒注视大树又高几许，大楼又添几座，应致其仰慕于吾校大师又添几人，此大学之所以为大学，而吾清华最应致力者也。"梅贻琦先生对教授的作用十分重视，他说："凡一校精神所在，不仅仅在建筑设备方面之增加，而实在教授之得人。……吾认为教授责任不尽在指导学生如何读书，如何研究学问。凡能引领学生做学问的教授，必能指导学生如何做人，因为求学与做人是两相关联的。凡能真诚努力做学问的，他们做人亦必不取巧，不偷懒，不作伪，故其学问事业终有成就。"在上个世纪四十年代，梅贻琦先生对通才之培养尤为致意，他在文章《大学一解》中写道："窃以为大学期内，通专虽应兼顾，而重心所寄，应在通而不在专，换言之，即须一反目前重视专科之倾向，方足以语于新民之效。……大学虽重要，究不为教育之全部，造就通才虽为大学应有之任务，而造就专才则固别有机构在。"

现在来看，蔡先生和梅先生的教育精神不仅没有过时，没有落伍，反倒像明镜一样照现国内大学教育的全面溃烂和溃败。大学拥有敞亮的教学大楼，拥有先进的科研设备，却唯独缺少大师，匮乏通才。钱学森的"世纪之问"令人冷汗浃背。

五年前，哈佛大学校长德鲁·福斯特女士在就职典礼上说过这样一番话，其大学教育观令人耳目一新："一所大学，既要回头看，也要向前看，看的方法必须——也应该——与大众当下所关心或是所要求的相对立。大学必须对永恒作出承诺。"她高屋建瓴，描绘的是世界一流大学的精神：反抗功利，拒绝媚俗，拆除樊篱，崇尚创新。

可叹的是，三十年来，中国的大学不断扩大规模，鱼越来越多，水越来越浑。某些主宰教育命脉的人，若不是将人文精神和科学精神丢弃到爪哇国去，以培养工具和奴才为能事，就是两眼炯炯如饿虎，只盯紧利益、权位，为此竭力打拼，狠心折腾。某些教授越教越馊，某些博导一驳就倒，个别院士甚至掩耳盗铃，剽窃国外的科研成果，冒称原创和独创。近年，在国内媒体上，充斥着高校的各类丑闻，这就说明中国的高等教育已在退化和劣化的泥途中越滑越远，竟有点刹不住车。

大学究竟是干吗的？这个问题既令人着急，也令人抓狂。唯有回归到本源上去，我们才能弄明白：大学是个修炼的场所，在此青年学子确立人格，拓展个性，刷新思想，开阔眼界；大学也是个试验的空间，在此青年学子萌发创造力，开发想象力，激活探索世界的兴趣，提升判断是非的本领。一旦做全做好了，那张大学毕业证都可以不要，乔布斯、比尔·盖茨、扎克伯格都是这么干的。

中文系需要怎样的教授

同等成色的"剧情"，我这是第二次听说了：某大学中文系一位副教授连续四年评不上教授职称，出局的原因竟是他的文学创作不算成果。他对于自身的遭遇，既有不平之意，又有不忿之气。他正在考虑挪窝，看看换个庙檐，能否不再遭受此类憋屈。他说："在系里，我的课是最受欢迎的，几部在国内广获好评的小说和散文集却抵不上某某和某某某自费出版的理论'砖著'，这太不公平了。我不能改变这种不公平，也不想屈服于这种不公平，只好另寻出路。"他的处境和心境绝对值得同情。

当年，沈从文在西南联大专教语体文写作，起初是副教授，后来校方聘他为教授时，也曾引起著名学者、西南联大教授刘文典的强烈不满，他当众吼吼有声："陈寅恪才是真正的教授，他该拿四百块钱，我该拿四十块钱，朱自清该拿四块钱。可我不给沈从文四毛钱！他要是教授，那我是什么？"在大学中文系，学问家看不起作家，由来已久，刘文典贬低和歧视沈从文，乃是成见（"搞研究是拇指，搞创作是小指"）所致。沈从文的小说、散文影响面很宽广，读者遍布全国，但在刘文典眼中，这样的成绩不值一哂，远远抵不上他那部学术专著《庄子补正》。针对刘文典的酷评，沈从文有何辩驳？相关的文字资料显示，沈从文在西南联大的地位相对弱势，他私底下咕哝过两句，在公开场合，则唾面自干，以息非议。

名校中文系学问家扎堆，纯粹的作家难以立足。闻一多原本是著名诗人，在美国留学时学的是美术，但他为了打破大学同行对诗人的成见，硬是在清华园枯守书斋，钻进故纸堆，致力于古代典籍《周易》《诗经》《庄子》《楚辞》的研究，将其成果汇为《古典新义》。西南联大文学院刚迁到云南蒙自时，他还得了个"何妨一下楼主人"的诨名，可见他用功之深。闻一多钻研唐诗，颇有创获，至于雕刻篆章，那倒是抗战期间苦日子逼出来的一门手艺。

学问好的教授固然受到学生的尊重，以创作知名的教授更受到学生的欢迎。我读北大时，佘树森先生还健在，他既是研究现当代文学的学者，也是散文家，听他讲课，学生倍感亲切。笔者曾当面向他请教过散文创作，受益匪浅，比起某些研究者的隔靴搔痒，他的启发直接到位。此外，还有谢冕先生，他既是朦胧诗派的大护法，又是一位激情洋溢的诗人，他讲新诗学，"毛毛雨"不断，平素喜欢在前排就座的女生都主动后撤，但整个教室坐得满满当当。谢冕先生的口才并非一流，但他的见解新颖独到，讲课时手舞足蹈，时时提醒我们，这才是诗人啊！他讲的新诗学不可能是无根之谈。倘若换一位只知"关关雎鸠，在河之洲"的老学究来讲新诗，就算他的课备得锦上添花，也不会引起众多弟子的仰颈共鸣。

眼下，大学自高门槛，非硕士不能进入，非博士不能进入，大学中系的教师能够从事文学创作的少之又少，就算有，也要将他们死死地卡在瓶颈处，长期做副教授。与之形成鲜明对照的是，某些中文系教授践踏学术操守，论文东抄西摭，南剽北窃，以致频频爆出学术丑闻，出窑的"砖著"更是无人问津。

有人说，体制之痛无人能医，无药可治，作家被圈养在作协、文联、文化馆之类的地方，与大学不搭界，能以客座教授的身份去大学开几次文学讲座就算不错的待遇了，要想进大学当硕导和博导，其门径窄狭如缝，远不如某些官员的优势明显。大学变成了权贵的跑马场，某些博导乐得大收特收官员弟子，他们可以借此获得诸多便利和好处，某些研究生也以与某某官员同窗为荣为幸，将来跻身政坛，能够多几个引路人，其间的功利色彩殆非语言文字可以形容。大学官场化的丑陋现象日益严重，这是以往 N 个世纪都不曾有过的腐败新形式。

校方不妨去垂询大学中文系的学生，他们想要怎样的教授给他们讲课，学问好的当然受欢迎，作品好的可能更受欢迎。中文系不是培养作家的地方，这个常识不必挂在嘴巴上，谁都能够理解，但中文系的文学课程，尤其是写作课程，请一些名作家来主讲，效果只会更好，不会更差。中国现代作家十之七八都在大学担任过教职，鲁迅、周作人、胡适、林语堂、梁实秋、闻一多、朱自清……个个桃李满天下。那个时代大学生的文学素养较之当今时代大学生的文学素养孰高孰低？答案还用张榜公布吗？

一生要读多少书

美国幽默大师马克·吐温曾说："世界上有三种谎言，它们分别是谎言、该死的谎言和统计数字。"不用说，他对各类统计数字始终持有怀疑和鄙视的态度。

　　多年前，南方某家卫视台有一个周六开播的谈话节目，嘉宾为各行各业的精英和准精英，偶尔出于应急的需要，也会掺入伪精英。我记得，某期节目请来一南一北两位"文化大师"，为了对接当月的世界读书日，畅聊的话题是"一生要读多少书"。第一个环节很轻松，由主持人提问，将相同的问题——"您至今读了多少书"——抛给两位不同的"大师"。南"大师"约摸五十岁，北"大师"约摸四十岁，彼此礼让一番后，北"大师"出自京城的名门正派，底气更足，报出来的数字是十万册。主持人和现场观众顿时发出一片惊叹声，不敢相信自己的耳朵，经过反复求证，北"大师"强调自己并非口误。他解释道："阅读可分为许多种，有泛读，有跳读，有细读，有精读，某些书你只要瞄几行就能知其深浅好坏，这叫'尝一脔而识鼎味'。某些书你只用随手把玩，看看里面的图片就能知其大概。这十万册书，其中至少有八万册书属于泛读、跳读、试读、翻读的品种，值得我细读和精读的书毕竟是少数。"就算如此，十万册可了不得！可不得了！有位观众心算能力强，很快他就算出北"大师"在三十年间（从十岁算起）读十万册书，平均每天至少要读九本书，这可能吗？北"大师"面对质疑，以妙语（其实是诡辩）解围："每天有二十四小时，街上的退休老太太都能够坚持打九圈麻将，我咋就读不了九本书？"大家笑过之后，便饶他通过了这道关卡。轮到南"大师"回答问题，他说自己原则上同意北"大师"的观点，读书有可能仿效白蚁刨根，也有可能仿效蜻蜓点水，他报出的读书数为五万册，为此作出解释："怪只怪我把行万里路看得比读万卷书更重要，所以在书斋里蛰伏的时间不够多，虽然痴长十岁，阅读量反而见少，真是惭愧！"观众也没为难他，这个环节就在一片啧啧声中草草结束了。

多年后，我回忆起那期节目，仍然觉得可笑，倒不是觉得两位"大师"当众撒谎太过弱智，而是认为，读书多少原本不是衡量水平高低的标尺，他们在卫视上放卫星毫无必要。且不说《周易》，《老子》《论语》《孟子》《庄子》，加起来不足十六万字，身为"文化大师"，想必他们精读过，光是钻通这四本书就需要多少时日？因此两位"大师"自炫博学，所提供的阅读数据一定会令马克·吐温在九泉之下笑醒。

近日，我在书店看到金纲编著的《鲁迅读过的书》（中国书店，2011年9月第一版），颇为精审地统计了鲁迅一生读过的书籍。这份书目涉及中国的经史子集和外国的文学、艺术、哲学、历史、宗教等，金纲将它们分为四大类：国学1552种，现代496种，西学1189种，综合996种，共计4233种，考虑到有些书一种多册，鲁迅一生读书应在万册左右。其中，肯定也有精读、细读、泛读、涉猎、浏览之分。我认为这个数据已经相当惊人，鲁迅精勤不懈，众所周知，说是"焚膏油以继晷，恒兀兀以穷年"，绝非夸张。鲁迅读书一万册较之那两位"文化大师"读书十万册和五万册，不仅更为靠谱，而且全都落到了实处，有迹可寻，有据可查。具备说服力的是，在这一万册古今中外书籍形成的文化沃土上，鲁迅长成了参天大树。但也有一点令我感慨：鲁迅一再撰文奉劝青年人不读或尽量少读古书，他自己却读了1552种，占总阅读量的三分之一强。中国古书真有那么大的毒害性和腐蚀性吗？你应该用自己的头脑拿出判断来。

　　我爱读书，但我并不认为读书多多益善（极少数学者属于例外）。明代诗人陈子龙只用三个月时间就浏览完了二十二史，王夫之却讥刺他不读诸志，徒然取快于一目十行，白费工夫。中国历代不乏读书多而最终读成脑残和废纸篓的书呆子，他们既缺乏鲜活的思想，又缺乏判断力、行动力和创造力。中国也不乏饱读诗书而行若狗彘的伪君子。知识就是力量，这话没错，但知识有可能转化为正能量，也有可能转化为负能量，要视乎知识由谁掌握而定。

　　你若明辨是非，就不能说你没文化。你若颠倒黑白，就不能说你有真知。读书人贵在取精用宏，内心亮堂。可以说，一生只要读几部明心见性、沥胆披肝的好书就足敷所用了；也可以说，一生读几万册不搭调、不靠谱的烂书仍不着边际。一旦遇上明心见性、沥胆披肝的书籍，你就该谨记中国现代国学家黄侃的告诫——"不杀书头"，将它阅读完，领会准，琢磨透。这样子读书，就仿佛天涯逢挚友，海内遇知音，一生不必贪多，自可快意满足。

四个国家的《小学生守则》比较

　　一位老朋友给我发来电子邮件，内容是中、日、英、美四国的《小学生守则》。读完后，我觉得很有意思，立刻上网搜索相关的信息。网友对此多有议论，较具代表性的酷评是："中国的《小学生守则》像是党员守则，日本的《小学生守则》像是军人守则，英国的《小学生守则》像是智障儿童守则，美国的《小学生守则》

像是幼稚儿童守则。"仔细对照一番，也许有人会认为这个酷评话糙理不糙，但我并不完全认同。

四年前，为了写作一本传记，我赴云南采访过教育家罗崇敏，他有个观点令我记忆犹新："中国教育的弊端显而易见，那就是幼儿教育成人化，成人教育幼儿化。"细读中国的《小学生守则》，确实会发现这个症结就是它的死结。大而无当，空而无物，你把它当成《公民守则》或《党员守则》来用，顶多只要修改五分之一的内容，它并不是针对六七岁以上、十二三岁以下儿童的生理和心理特点、日常学习和生活习惯而制定的，要求高而规定繁，呵护缺而关怀少。你想想，小学生的智力尚在开启阶段，身体尚在发育阶段，习惯尚在形成阶段，因此他们自我保护的安全意识相当模糊，自律的意志力普遍薄弱，对正邪善恶的判断力十分有限，这些方面才是不可忽略的重中之重，其他的，要求越高，规定越多，就越不可能有什么显著的成效。倘若《小学生守则》中十条连大多数成年人都做不到，做不好，它还有多少价值和意义？

《小学生守则》虽小，亦可以见大。日本是一个典型的岛国，资源有限，灾害频发，曾长期奉行过军国主义的扩张政策，尽管二战惨败后，其内政、外交早已非复旧观，但骨子里的东西并不容易改变，"菊与刀"的底色并不容易褪净。由于日本特殊的历史和地理，其《小学生守则》反复强调纪律和服从，就不足为奇了。

每过一段时间，美国就会发生校园枪击案，在一个准许全体成年人合法配枪的国家，其案发频率并不算高，但惊悚效果异常猛烈。在美国，射杀一只知更鸟尚且属于犯罪，射杀一群孩子自不待言。令人奇怪的是，美国的《小学生守则》中并没有与安全意识相关的内容，强调的只是如何听课、如何与老师互动、如何独立完成作业和不可随意旷课之类。这就说明，美国本土的治安状况远不像好莱坞警匪片反映的那样糟糕，要不然，中国的贪官、裸官们怎会傻到将自己的宝贝儿女送去治安状况堪忧的美国就学深造和长期定居？

我真正欣赏的是英国的《小学生守则》，它并非视孩子为弱智，而是充分地考虑到了以下三点：孩子脆弱、天真，社会环境不容乐观，人性善恶难辨。为此，这十条小学生守则全部具有针对性，体现了长辈殷殷的关切之情和呵护之意。我们不妨来细看一下："1. 平安成长比成功更重要；2. 背心、裤衩覆盖的地方不许别人摸；3. 生命第一，财产第二；4. 小秘密要告诉妈妈；5. 不喝陌生人的饮料，不吃陌生人的糖果；6. 不与陌生人说话；7. 遇到危险可以打破玻璃，破坏家具；8. 遇到危险可以自己先跑；9. 不保守坏人的秘密；10. 可以骗坏人。"

也许你会说，这岂不是让孩子从小就认定人心惟危，变得贪生怕死吗？其实不然。孩子的安全才应该是父母和教师心目中的头等大事，这个世界充满了危险的触发点和伤害的潜在可能性（我想，没有谁会否认这一点吧），对习惯防范的大人而言尚且如此，对手无缚鸡之力的小孩而言更是这样。说起来，一些儿童夭折的悲剧原本可以避免，却由于大人们教育不当，呵护不足，而丧失了万金不易的良机。

无论东方还是西方，在任何国家里，总有一些兽性大发的成年人（有的居然还是校长、教师）对儿童实施性侵和伤害，这是不容回避的事实。为什么我们的教育主管者就不能放低身位，把仁爱和关怀一一落到实处，更具针对性地修订《小学生守则》呢？

孩子是怎么长大的

几位朋友在茶馆聊天，话题拐了七八道弯，不知怎么就聊到王铮亮演唱的那首《时间都到哪儿去了》，个个感慨唏嘘。儿女长大了，父母变老了，这种现象原本符合自然规律，但大家仍不免流露出几许伤感的情绪。"时间都到哪儿去了？还没好好感受年轻就老了。生儿养女一辈子，满脑子都是孩子哭了笑了。"歌词煽情，旋律悦耳，我估计，无论在什么场合，王铮亮演唱它，都能使听众热泪盈眶，甚至老泪纵横。原因很简单，这首歌一石二鸟，既精准地命中了亲情的靶心，又巧妙地拆穿了时间的把戏。

我们是怎么变老的？一言难尽。孩子是怎么长大的？众说纷纭。在座的茶友，对于"孩子是怎么长大的"这个问题，单是偏向于家庭教育，就给出了各不相同的答卷。

有人说，孩子是骂大的。孩子任性，不好对付；惰性，不易克服；还有一些难以根除的坏习惯。父母劝导孩子，和颜悦色，不管用，孩子嫌你碎碎念，左耳进右耳出。你就得逮准时机骂孩子，大骂痛骂，声色俱厉，这样才能叫孩子长记性。有时，刺激和伤害是必要的，来早好过来迟，来自家庭好过来自社会。千万别把孩子育在温室，捧在手心，得让孩子时不时地尝尝当头棒喝的滋味。

有人说，孩子是打大的。打是爱，骂是疼，光讲道理不行，光骂也不行，还得让孩子尝到更多更大的苦头。教育孩子可不是瓷器店的活儿，而是铁匠铺的活儿，千万不要担心磕碰，该捶打还得捶打。做父母的缺乏起码的威信，孩子学坏就是分分钟的事情。以前的梨园弟子，生旦净末丑，凡是有出息的，个个都是师傅捶打出来的。京剧四大名旦，可不是娇生惯养而成。父母教孩子，就怕下不了狠手。要知道，陀螺不打不转身，孩子不打不成器。

有人说，孩子是哄大的。骂也好，打也罢，都不容易掌握好尺度，现在的孩子敏感脆弱，脾气丑，自尊心强，你若使狠行蛮，他会抵触，甚至叛逆。做父母的，顶上功夫是会哄孩子，会夸孩子。倘若用一颗巧克力糖能够解决难题，就绝对不要使用拳头和耳光。倘若用一声夸奖能够消除隔阂，就绝对不要采取抱怨和斥责。父母哄孩子，孩子如沐春风，只要他开心了，就不会当面拆台，背后捣鬼。

有人说，聪明的孩子容易长大，但要放养才能长好。每个人的童年都是孤本，应该让孩子尽可能享受自由和快乐，多一些游戏，多一些体育，多一些旅行，多一些见识，多一些思考，孩子有主见，有野性，有理解力、想象力、判断力和创造力，父母就没必要担心太多，就算他不喜欢学习呆板的功课，也会具备一门爱好或多种兴趣，他的人生照样能过得有滋有味，父母无须为他穷操心和瞎操心。

他们的话都能自圆其说。但没有一种办法可以放之四海而皆准，教育并非万能，因为个体差异明显，任何模式都有缺陷。孔子强调因材施教，门下三千弟子，也只出品了七十二贤人，成才率还不到百分之十。教师受限于自身的水平和精力，不可能把因材施教落到实处。父母对孩子的认识存在误区和盲区，也不容易辨别出自家孩子究竟是什么材质。孩子的成长，具有很大的被动性和随意性，他会遇到什么伙伴？受到外界哪些影响？迷恋什么？厌恶什么？父母究竟了解多少？能够干涉多深？一个沉迷于电游的孩子难以脱瘾，就能颠覆父母的全部耐心和道行。你骂他，他充耳不闻。你打他，他跟你急。你哄他，对牛弹琴。你放养他，他立刻堕落沉沦。社会的力量和网络的诱惑不容低估，父母用爱感化不了一个吸毒儿，用爱也动摇不了一个电游儿。按理说，爱的力量大于一切，但爱有时会遇到冷冰冰的绝缘体，这是无可奈何的事情。

某天晚上，我跟女儿聊天，我问她："你希望爸爸妈妈怎样对待你？"她想了想，回答道："我的要求不高，就希望你们宽容一些，准许我犯错，鼓励我冒险，陪伴我游戏，多讲道理，少发脾气，就行了。"她的要求到底高不高？还真难说。我们够不够宽容？也很难说，但愿在她成长的过程中，时时能够感受到父母的耐心和爱心，就好。

托尔斯泰为何与诺奖无缘

首届（1901 年）诺贝尔文学奖的得主是法国诗人苏里·普吕多姆，由他来开这个头，破这个题，就不难看出瑞典科学院的衮衮诸公确实挑花了眼。当年，对这个初创的世界级文学奖，欧洲大陆的文学同行根本无从预见它的潜在价值，要公推人选，谁能望托翁（列夫·托尔斯泰）之项背？此外，还有哈代、易卜生、契诃夫和左拉等人也有望相继折桂。据说，法国诗人苏利·普吕多姆与几位朋友在沙龙聊天，谈到瑞典科学院要评定首届诺贝尔文学奖，大家都说托翁实至名归，肯定瓮中捉鳖，也有人开玩笑，称普吕多姆才是最合适的人选。听了这话，连普吕多姆本人都不以为然，他扮出一副鬼脸，耸耸肩，摊摊手，说："诺贝尔发明了烈性炸药。颁给我诺贝尔文学奖金？'砰'，你饶了我吧！"然而，瑞典科学院却并没有要饶过他的意思，硬是让他中了"六合彩"头奖，成了首位横遭非议的可怜虫，尽管他的得奖评语好得出奇："以表彰他的诗作，因为它们揭橥了崇高的理想主义、完美的艺术造诣，以及心与智两种素质的珍贵结合。"

"获奖者为什么不是托尔斯泰？"这个问题从此就像魔咒一样纠缠世人。

1901 年，瑞典科学院常任秘书 C·D·奥·威尔森在的《颁奖辞》中有个特别的说明："……幸亏这项奖金是每年颁发一次，一位优秀的作家今年就算得不到，明年、后年甚至将来也仍有希望，只要他的成就值得奖赏。"莫非托翁不够优秀？不值得奖赏？既然瑞典科学院承认他秀出群伦，又为何不把诺贝尔文学奖金颁发给他？托翁于 1910 年去世，首届没给他也就罢了，为何此后的数届依然与他无缘？有人说："你要是委屈一个人，就要将他一直委屈到死，你若中途改变主意，再向他示好，他也不会领情。"这是典型的中国式的屈才心法和手段，我不愿以这样的恶意去揣度当年那些评委老爷的隐衷。好在他们受迫于抗议的巨大声浪，于 1902 年公开发表了一份"答辩辞"，总算让我们觑见了评委会的思想立场。他们充分肯定托翁杰出的文学成就，却又不肯将第一笔文学奖金颁发给他，是因为托翁"否定了一切形式的文明"，赞美了"原始的生活方式"，"提倡无政府主义思想"，"任意改写《圣经》"，"对于他那种罕见于一切文明样式的狭隘和敌意，我们觉得无法忍受"。百年后的今天，我们回头再看，真正暴露了"狭隘"和"敌意"的并非托翁，而恰恰是那些评委老爷，正如"诺贝尔文学奖全集"（台湾版）的主编陈映真先生所说，他们"徒然暴露了自己在文学上、思想上的鉴赏力和思考的深度，是如何受到典型十九世纪市民阶层的庸俗、骄傲性格的限制"。托翁未获诺贝尔文学奖，丝毫无损其英名，但这是一个坏的开头，此后，要是谁（普鲁斯特、乔伊斯、里尔克和博尔赫斯这样的文学大师）落选了，人们就会半抚慰半调侃地说："列夫·托尔斯泰都没得过这劳什子奖，他们有什么好委屈好抱怨的！"于是，大家也就懒得去计较诺贝尔文学奖是否乱"点菜"了，从一开始，有什么吃什么，就成为了世人普遍的接受心理。

世界上有那么多大大小小的文学奖，各个评委会有其不同的趣味和成见，他们爱颁给谁就颁给谁，文学未必额外受益，读者也未必额外受损，唯独记者捕捉到了热点的文化新闻，也未见得就有多热。获奖作家当然是受益者，用威尔森的话说，"无论如何，得奖者在接到这项当代的荣誉花环时，他的报偿将胜于过去那种黄金桂冠所代表的物质价值"，诺贝尔奖的颁奖台变成了奥林匹亚山巅，把一位作家从人的行列提拔到了神的行列。但获奖者也可能像"裸露的婴儿"一样，成为真正意义上的受害者，原有的生活秩序和内心安宁完全被打破，从此沦为现代势利眼中一个虚浮不实的傀儡。

虐食还是虐心

在中国历史上，战乱之频起，饥荒之多发，人祸之惨作，可谓罄竹难书，所以古代圣贤除了高坐在杏坛上绷紧神筋作玄而又玄的道德说教之外，有时也会垂顾疮痍满目的民间，降低身位和声调，说出以下切合实际需要的话来："仓廪实而知礼节"，"虚其心，实其腹"，"食色性也"。至于"民以食为天"的总结，更是直接触及到问题的实质。中国的食文化就这样枝枝蔓蔓地生长起来，至今蔚为大观。岂不闻国中有数十余万元一桌的酒席，有数十万元一盒的月饼？已吃到这个水平上来，想必中国的国民收入水平已高居全球第一，事实则不然，数千万穷人吃低保，数百万少年儿童失学，中国食文化的虚荣和虚热又如何面对这个无法遮蔽的现实窘况？

春秋时，有位名叫易牙的烹调高手是齐桓公宠幸的近臣，他身为大厨，做尽百味讨好主公。吃惯了美食的齐桓公胃口被吊得越来越高，他总是问易牙："还有没有更好吃的东西？"易牙的回答照例是："当然有，包您满意！"直到有一天，易牙也不免黔驴技穷了，他关起门来挖空心思，绞尽脑汁，总算琢磨出一道新菜。这一回，齐桓公确实吃得津津有味，他好奇地问易牙："这是什么肉？竟比烤乳猪还要鲜嫩，我可从未吃过。"易牙涎着脸如实禀报："这道菜的主料是我家尚在襁褓中的婴儿。"历史故事至此戛然而止，我猜想肯定还有下文，齐桓公可能会极度恶心，呕得胃酸满地，但他决不会责罚易牙，为了讨好主子，易牙连自己的新生儿都可以烹掉，这样的忠臣就是大白天打着灯笼满世界去寻，也找不到几个啊！由此可见，食文化孳生之处有极其阴暗的一面。如今，数十余万元的酒席和几十万元一盒的月饼也不是供给普通老百姓去饱享口福，而是另有孝敬的对象。官员的腐败通常是从吃喝开始，晋朝宰相何曾在饮食方面日费万钱（相当于一百人半年的伙食费），仍说没有值得他下筷子的好菜，就是一个显明的例子。官场通例，吃喝之后才是收受贿赂，吃了别人的嘴软，拿了别人的手软，于是由胃而及于心，由心而及于脑，如此一天天堕落下去，贪婪的恶果就累累满树了。食文化的气球又怎么禁得起这些饕餮之徒用最大的肺活量去猛吹一气？

有些人真是什么都敢吃，如果说古时候"易子而食"的惨事是由于战乱和灾荒所致，那么升平时期的"烹龙炮凤"则已将某些超级食客那副贪馋的心思泄露无遗。龙与凤是中华民族的图腾，阔人大佬尚且想弄来煮着吃，烤着吃，其他的东西自然更不在话下。婴儿出生后，胞衣被视为大滋大补的珍品，有人走后门从产房拿到，将它炖着吃，据说能包医百病。想起来，都令人反胃，但在地下市场新鲜胞衣一直供不应求。

大文豪苏东坡是有名的美食家，他发明的"东坡肉"早已成为一道家常菜，这位性喜开玩笑的文豪曾对友人说："龙肉虚而美，不如猪肉实而惠。"这无疑是他聪明的地方。龙肉谁吃过？

纵然你有屠龙手段，馋得垂涎三尺，也是枉然。

"君子远庖厨"，孔子的这句告诫暗含着一定的虚伪性。君子不杀鸡不剖鱼，不椎牛不宰羊，不看它们流血身亡的惨状，只在餐桌上美美地吃其肉，吐其骨，剔其刺，喝其汤，就心安理得了？这与佛家倡导的"不杀生"和"众生平等"仍然遥隔几万里地。圣人远离厨房，两耳听不见鸡、鸭、驴、猪、牛、羊等动物的惨痛哀号，他教完学生"仁者爱人"之后，便在餐桌上摆谱："割不正不食"（刀工不好不吃）；"鱼馁肉败不食"（鱼、肉变了味不吃）。圣人尽多讲究，常人只图嘴巴快活，臭豆腐也吃，肉蛆也吃，还美其名为"肉参"。食客们吃来吃去，当初茹毛饮血的兽性便暴露无遗，种种虐食也成了盘中美味。

据梁溪坐观老人张祖翼的《清代野记》所载：同治年间，山东有家名为十里香的餐馆，专卖生炒驴肉，味道极为鲜美。"其法钉四木桩于地，以驴四足缚于桩，不宰杀也。座上有传呼者，或臀或肩，沃以沸汤，生割一块，熟而荐之。方下箸也，驴犹哀鸣也。"由于店主恶名昭著，最终被山东按察使长赓捕杀，远近为之称快。同篇所记，还有一位江苏清江浦的寡妇，为富不仁，嗜食活驴鞭。"其法使牡与牝交，约于酣畅时，以快刀断其茎，从牝阴户中抽出，烹而食之。岁死驴无数，云其味之嫩美，甲于百物。"县令吴清惠听闻此事，痛恨不已，他顺应民意，将这位寡妇抓起来法办了。

虐食的菜单可以开得很长，醉虾、生鱼片较为常见。有一道湘菜"泥鳅炖豆腐"，也是虐食，我亲眼见过烹制的全过程，留下了"深刻印象"。

泥鳅被誉为"水底人参"，不仅肉质鲜嫩，而且营养价值高。这道菜的作法是：先将小泥鳅放在清水中养几天，换水勤的好处是让他们吐尽腹中脏物。豆腐要新鲜的，不切碎，整块整块地放在砂锅中，汤水盖过豆腐即可，然后将活蹦乱跳的泥鳅滤净放入砂锅，待一切工序停当后，就用文火去煨。起初，砂锅中颇有响动，不知天命的泥鳅戏要犹欢，水温渐渐升高，泥鳅不耐热烫便纷纷钻进豆腐，那里面暂且还是凉爽的，可以偷安片刻。待每条泥鳅都找到了"掩体"，砂锅中顿时风平浪静，即可将佐料悉数放入。当豆腐也被加热至滚烫的程度，不安分的泥鳅又会钻出不复清凉的豆腐，这一回，它们落在沸汤中，尾巴便越摇越慢，有些泥鳅是尖尖的头扎在豆腐里，身子留在汤中，有些泥鳅是身子留在豆腐里，尖尖的头浸在汤中。豆腐得益于泥鳅钻进钻出而变得有板有眼，佐料的香味全浸润透了，从豆腐中吃到喷香的泥鳅馅更是有惊有喜。汤汁的鲜美就更不用提了，夸张一点说，舌尖可以留香三日。

　　泥鳅炖豆腐吃起来味道鲜美，可是看了做菜的过程，我总感觉心里堵得慌。在一道虐食面前，存这么点恻隐之心，就注定了我不能成为心安理得的美食家。若是孔子吃了这道菜，准定不会打听它的做法，更不会好奇地揭开砂锅去看，所以他是圣人，他仍可以告诫弟子要记住那个"仁"字。孔子担任鲁国司寇（相当于司法部长）时，家中的马厩失火，他也只问是否烧伤了人，不曾有半个字涉及到马，此举被后世褒美有加，认为只有圣人才会如此爱人而不惜物。孔子显然不是动物保护者协会的成员，所以根本不必顾及马的死活。我不曾加入动物保护者协会，却凭空多出了这么点恻隐之心，连一道虐食都不敢再吃第二次，若让孔圣人来评点，他也许会批评我这是妇人之仁。

中国的虐食之多恐怕要数全球第一，虐食而且虐心是其令人过目难忘的特色。这里再列举数例。龙虾刺身是有名的海鲜冷盘，龙虾被活生生地剥去外壳，躯干被切成肉片，食客举筷时，它的长须仍能颤抖，眼珠子也还在滴溜溜地转动，目光十分可怜，令人不忍对视。苏州名菜中有一道"松鼠鳜鱼"，做法很酷，鱼儿被剐，被切，被油炸，端上桌时已香魂缥缈，嘴巴居然还能一张一合，否则大师傅的厨艺将受到质疑和诟病。粤菜中有一道"三叫"，食料是刚出生的小老鼠，吃法是囫囵生吞。筷子夹小鼠蘸酱油，第一叫，放进嘴里用咬破皮肉，第二叫，咽下肚子，第三叫。粤菜中还有一道生吃猴脑，也是出了名的残忍。光是活生生地撬开猴子的天灵盖，就够悚人的了，还要在猴子哀哀的目光注视下用小勺舀出其活鲜鲜的脑髓，蘸着佐料去吃，这种吃法，席间染指分羹的阔人固然得其畅快，得其满足，但是对于生命的尊严已侮蔑到了极点。河北菜中有一道"生离死别"，将清水中养了多日的鲜活甲鱼放进蒸笼，留个孔，孔外放置香油，甲鱼受热难忍，就将头伸出蒸笼，猛喝香油。等到甲鱼熟透，香油也已浸透五脏六腑。死别（鳖）有了，配上生离（梨），这道菜就算齐全了。求鲜若渴的食客，至此露出阴暗、残忍、狰狞的面目。这种以荼毒动物为能事的食文化，到底高明在哪儿？食客若没有一点负罪感，才真叫可怕。

2003 年冬天，越南、泰国相继爆发禽流感，为了杜绝传染源，两国政府在境内大部分地区下达绝杀令。一位佛门弟子在东南亚一家电视台讲述他对禽流感的看法时说："一只鸡的寿命是十年到十五年，但在现代养殖业的催化下，一只鸡的寿命只有两个月，两个月，在养鸡场的一个小格子里，它就完成了从出生到被宰杀的过程。它们也是生命，但现在数以百万计的家禽都要在禽流感的威胁下被宰杀，这是'嗔怒'，大家应该看《地藏经》。"连世间最温驯的家禽都集体造反了，人类还何词以辩自己因为贪食而犯下的罪过？

中国食文化的大谱中有那么多著名的菜系，食客们众口难调的嗜好尽可以各得其所。然而近年来某些阔人寻求刺激，已不再满足于常规饮食，他们的口号是"乌龟王八滚下台，山珍海味端上来"，野生动物因此大遭其殃，物种灭绝的危险空前加剧。

人类的生存与万物的生存乃是互为依托的链条关系，饕餮者像蝗虫这样吃下去，总有一天，人类会重蹈易子而食的悲剧。野生动物对人类的报复正日渐升级，这都是食客的肚皮惹的祸。食文化，食文化，重点既然是文化，食客就应该对万物怀有仁慈悲悯之意，大肆杀戮与疯狂饕餮乃是恶行，强行与文化瓜葛牵扯，岂不是太可笑了吗？佛家主张不杀生，弃荤茹素，把仁爱做在实处，这样的文化才是干干净净的不沾血腥的文化，一旦沾染血迹，食文化就带有明显的欺骗色彩。

人类要生存，就必须首先填饱自己的肚皮，但在和平时期，我们完全没有必要为了讨好自己的食欲干出残忍酷虐的事情来。饮食应该有所节制，知所禁忌，否则它就会超出生存需要，变成放纵，甚至变成邪恶。人类的生存资源有限，而欲壑难填，这是永恒的矛盾，我们没必要做苦行僧，也没必要做饕餮者。多年前我曾经读过一位外国作家评价中国食文化的文章，其中有一句话至今令我印象深刻，那就是"在中国许多地方，大快朵颐和浪费食物竟是一件相当体面的事情，这一点特别令人费解"，对此我们该作何感想，作何反思？

十万个不为什么

说来逗趣，一位朋友告诉我，他六岁的儿子老是喜欢问一些幼稚的问题。有一次，小家伙问道："爸，你说世界上是好人多，还是坏人多？"他猜这个问题应该不是脑筋急转弯，就如实相告："好人和坏人都不多，时好时坏、小好小坏和不好不坏的人特别多。"儿子对老爸近乎饶舌的滑头答案很不满意，认为老爸倚老卖老，耍花枪，秀深刻，于是大声反驳道："明明是好人多，你看《喜羊羊与灰太狼》，里面总共只有几个坏人呀！"据统计，在这部国产童话连续剧中，灰太狼一共被喜羊羊捉弄过 2347 次，为捉羊想过 2788 个办法，奔波过 19658 次，足迹能绕地球 954 圈，却一只羊也没吃到。现实显然不可能这样美好。

大人无法招架小孩的提问，并非大人见识短浅，孤陋寡闻，恰恰相反，是由于大人长期捞生活，积累的负面经验远多于正面经验，吃到的亏远多于占到的便宜，人生不如意事常八九嘛，于是大人老在琢磨着，哪些话能跟小孩说，哪些话不宜跟小孩讲。

这位朋友的内心纠结还在于，他教导儿子要善待他人，诚实本分，但他教完之后又感到忐忑不安，这样教育儿子究竟益大于害，还是弊大于利？社会就像一个拆除了围墙和看台的罗马斗兽场，弱肉强食，小鱼大吃，冷酷的丛林法则就是游戏规则。那些富贵贤达有几个是诚实的？有几个是善良的？有几个是本分的？他觉得自己遮蔽了许多事实，隐瞒了若干真相，弱化了儿子的生存能力和竞争能力，正在重蹈祖辈父辈的覆辙。"这样做可不行啊，他将来长大成人，会吃亏上当被修理！"在社会上混得人模狗样的角色最具有示范作用，他们差不多个个都是厚黑学的忠实信徒。然而这位朋友很难违背自己的人生准则，不愿一早就将厚黑学的利矛坚盾交到儿子那双纤弱的小手中。什么叫左右为难？他算是尝够了个中滋味。

有一次，我听某公（居然是一位"鲁学家"）侃谈成功学，果然好口才，他把一些深奥的道理讲得连小孩子都能听懂。他说："一个成功的人必备五种能力：理解力，想象力，创造力，竞争力和抗击打能力。"为什么把"理解力"放在第一位？因为一个缺乏理解力的人很容易愤世嫉俗，也很容易沮丧，难免产生一种被社会迫害的妄想狂幻觉，这种人疑神疑鬼，就像鲁迅笔下的那位狂人，赵家的狗多瞅他两眼，心里也会发虚。想象力并非只能用来写诗、绘画和作曲，还可以用来应对一切，比如说一个炒股的人不能想象自己持有的股票能涨多高，能跌多低，就会成为股市的牺牲品，如果一个人不能想象某某某会善良到什么程度，某某某会邪恶到什么地步，其率意而行的直接后果就是亲痛仇快，被奸慝之辈玩弄于股掌之间。为了加强说服力，某公引用鲁迅的话来为自己撑腰："鲁迅说，'要不惮以最坏的恶意猜测中国人'，鲁迅想象中的恶政府能把坏事做绝，这就是他的深刻之处和过人之处，放在中国文坛，难见出乎其右者，放在中国社会，也难见驾乎其上者！"至于创造力、竞争力和抗击打能力，他将它们分别比喻为汽车的发动机、品牌价值和安全性能，同样缺一不可。

这样那样的成功学，我听得耳朵都起老茧了，有时会觉得好笑，大凡真正的成功者都有一本个人秘籍，那是只传子女不传外人的，这跟真能炒股的高手不写股评、总爱咬人的恶狗不吠闾巷是一个道理。某公语不惊人死不休，确实有他的独门绝活，讲完"五力"之后，就把口诀透露给大家："有一套书叫《十万个为什么》，你们小时候可能读过，还从中掌握了不少常识，可我要告诉大家，知道《十万个为什么》无关紧要，明白'十万个不为什么'才能'芝麻开门'。比如说，别人不比你更聪明，不比你更勤奋，就因为口含金钥匙投胎在富贵人家，他的起点就比你的终点高出一大截，你用'为什么'能问出个标准答案吗？你若问不出所以然，就只能活活气死。再比如说，别人是国企职工，你是农民工，他的收入比你高十倍，劳动量比你低五倍，你用'为什么'能问出个子丑寅卯吗？实际上，这类无解的问题比比皆是，'为什么'是对现实的硬着陆，'不为什么'则是对现实的软着陆，哪一种方式更好更安全？这就等于问飞机是在野外迫降好，还是在飞机场降落好，答案不言自明。你们要时刻牢记：问得多，不如做得好。"

某公讲得头头是道，乍听去还真能自圆其说，我估计他洗脑的成绩单应该不坏，政府没给他颁发"德艺双馨"奖，是个不大不小的失误。但我并不赞同他的说法，真要是万马齐喑，大家噤若寒蝉，都不再问"为什么"了，社会舆论就会变成一潭死水，社会基石——正义和公平——就会遭到野蛮分子的疯狂"强拆"。何况某公提倡的"问得多，不如做得好"，只是忽悠和误导众人变成逆来顺受的听话工具和思想贫乏的做事工具。大家无须炼就孙悟空的火眼金睛，也能识破这种类似机器人的冷酷无情的"优秀工具"，原是出自"厚黑生产线"的替代产品，耀眼的防伪标签并不能掩盖它们的本质。

那位朋友也知道某公"十万个不为什么"的高论，但他还是日复一日地回答儿子提出的问题，有时也会恼，也会烦，也会无语，我就建议他改用某公的高招试试，可是他并不领情："如果某公真的知行合一，就不会把开讲座变成走穴模式，为名利双收而故作惊人之语，你倒说说看，他究竟是'为什么'，还是'不为什么'？"

人类之所以有别于其他动物，就因为人类既有追问"为什么"的冲动，又有寻求答案的本领。倘若谁主动放弃这项与生俱来的权利，那么他还不如趁早去马戏团报到为妙。

第二辑：背后的文章

有位远方的朋友与我网聊，问了个古怪的问题："有一天，老子和孔子掐架，你会帮谁？说出理由。"我猜她考的是脑筋急转弯，就说："在一旁看热闹就行，谁也不帮。老小，老小，他们只不过闹着玩。"她告诉我："这是清华大学自主招生的面试题。现在的教授不知怎么啦，出题这么刁钻！"原来如此，考题背后有文章，我告诉她："答案可能是帮老子，因为史书上说，孔丘曾寻访李聃，向他求益，尊师重教是中国的传统。"答完后，她满意致谢，我却感到荒诞滑稽。

茶非茶道非道

饮食男女，人之大欲存焉。男女就不讲了。饮食呢？人要活命，一日三餐不可省减，但今日之饮食已经成为国人的心腹大患。权威检测机构从奶制品中检出了三聚氰胺，从肉制品中检出了瘦肉精，从高档白酒中检出了塑化剂，可怜我们的肠胃，还要与诸多埋伏在日常饮食中的有毒有害致病致癌物质正面交锋，想躲猫猫也躲不掉。于是有人惴惴不安地询问，放心茶是不是也很难喝得到？某些茶叶中存在农药残留、化肥残留和重金属残留，这已不是什么新闻和秘密，何况真正未受污染的矿泉水和纯净水也不易在市面上购得。安全可靠的美食美饮就这样渐行渐远，愈行愈远，已经鞭长莫及。

有位知根知底的朋友告诉我，许多茶农为了增产，不仅给土壤施肥，给叶面施肥，还滥用毒性极强的杀虫剂，化肥残留、农药残留"二鬼拍门"（拍的可是命门），一直是中国茶叶走向国际大市场的障碍。他说，古人讲求茶禅一道，小和尚问老和尚如何成佛，老和尚拿不出现成的答案，就灵机一动，对小和尚说"吃茶去"。这三个字乍听很寻常，细细品咂又觉意味隽永。酒能乱性，佛门弟子不准碰触；茶能提神，正好醒瞌睡。夜深人静，出家人伴青灯，啜香茗，思考一些玄虚奥妙的灵魂问题，以求有所参悟。因此喝茶与参禅老早就缔结了牢固的亲缘关系。如今，小和尚若问老和尚如何成佛，老和尚沿袭旧法，叫小和尚"吃茶去"，小和尚硬着头皮不干，反说"茶汤不可多喝，里面有化肥残留和农药残留"，老和尚将何言以对？茶禅一道就这样被瓦解了。

那位朋友的话可发一噱，但我的笑是不会畅快的。以往，中国的茶文化从未遭遇过此类节外生枝的安全问题，茶圣陆羽编撰《茶经》，不可能老早就未卜先知，告诉我们如何剔除化肥残留、农药残留和重金属残留，他老人家何尝听说过和见识过这些有毒有害致病致癌物质？

茶文化深陷尴尬的境地，但仍然有人喜欢玩神秘，我最近就领教了一番。

某君送来一盒高山云雾茶，称赞它极其新鲜，比美女的肌肤还嫩。我打趣道："该不是什么资深美女的肌肤吧？"他呵呵一乐，说是"豆蔻年华二月初"，还特别强调："这茶用80度的开水冲泡，太狠；用75度的开水冲泡，又不出味。"我立刻皱起眉头，感叹道："你这哪是送茶叶给我，是活生生送一个麻烦给我！为了喝这云雾茶，我还得去买温度计。"

更搞笑的在后头，他说："这茶有一宗好处最难得，某高僧给它开过光。"我被他的话彻底雷翻了，开玩笑道："最近我只在网络上听说北方某高僧下山给失足少女开光，居然还有忙里偷闲给茶叶开光的，是不是因为这高山云雾茶嫩如'美女的肌肤'？"话音刚落，我就后悔了，这可是积口舌业，会折损福分的。房子打个六折七折还有得赚，这福分打个六折七折可就是纯亏损。在这个方面，佛教的厉害表现俱足，你都不敢去随便调侃它，哪怕你调侃一位在远方风流快活的花和尚，也会好一阵心虚。他们躲在大庙的屋檐下面，真的很好乘凉。

那茶，我真就喝了，用100度沸水沏的，味道一般。对此，我权且理解为"美女的肌肤"被我不小心烫伤了，阿弥陀佛，真是罪莫大焉。

事情并没有轻易完结，某日我翻看报纸，无意间看到一条新闻，某君送给我的那种品牌的高山云雾茶被检测出了农药残留和重金属残留，超标高达二十多倍，最令人气愤的是，它竟然不是什么真正意义上的高山云雾茶，那地方的数十顷茶树明明种植在山脚下。

我打电话给某君，问他看到那条相关的负面新闻没有，他坦荡诚实地回答，已经有所耳闻，但他并没有因为受骗上当而生气，还反过来安慰我，这点农药残留和重金属残留很正常，没必要大惊小怪，改用100度沸水冲泡，滗掉头道茶汤就行。一夜之间，"美女的肌肤"就变得比老太婆的鸡皮还不如了，所幸我的性子缓，购买温度剂的那笔开支总算节省下来，啼笑皆非的程度得到了有效控制。

打从这次"高山云雾茶事件"之后，我听到别人侈谈茶文化就想笑。皮之不存，毛将焉附？文化是"毛"，它不可能独立存在于空气之中，更别说环境之外。试想，某位平日大讲茶经茶道的高手多年吸收有毒有害物质，他要是英年早逝了，悼词该怎么写呢？你别说，这还真是一道不大不小的难题，或许执笔者的角色非智圣东方朔莫属，也只有他勉强胜任，可是东方朔压根就不懂什么茶道和禅道。

国学大师不可误认

中国人民大学国学院成立已经七年时间，是否顺利播下了国学大师的龙种？尚不得而知。有一种较为乐观的看法：只要人大国学院这么办下去，国学就大有希望，娩出国学大师就是大概率的事情。在利好消息不多的年月，这个利好也够我们高兴几分钟了。

国学乃是"一国固有之学术"。章太炎在《国学讲演录》中将国学划分为小学、经学、史学、诸子和文学数部，范围不可谓不宽。曾有人将国学当成如意乾坤袋，什么东西都往里面装，大有不填满不罢休的气势，这样折腾的唯一好处就是方便各方做广告。有一个笑话讲得好：某公写了几篇文章，被人捧为国学大师，他恬然接受，从不谦虚。有一回，他开讲座，主持人吹捧他是国学大师，当即遭到一位听众的质疑。于是此公急中生智，狡辩道："'大师'没什么大不了的，这个称呼还不如'老师'尊荣，我做老师都做了很多年。"大师不如老师，这是新鲜的奇谈，听众哄堂大笑。

有时，我也想换个角度看问题。在名器已毁的年代，别说"大师"早已变成注水肉，博导、教授、博士、正研究员、一级作家等等，都沦为了"排排座，吃果果"的变相产物。既然"存在的就是合理的"，我们就必须承认既成事实。然而名器坠地的后果够严重，江湖骗子和南郭先生拥有了巨大的运作空间，劣币驱逐良币的效应已日益彰显，具有大师潜质的学者横遭打压，出头的机会愈见其少。

对社会抱有责任心的人不可能是谫陋的实用主义者，他们有时会采取相对激进的方式去解决问题。几年前，京城的一位文化学者在媒体上实名打假，质疑某位"国学大师"不够诚实，涉及到年龄造假、经历造假和学术造假三个方面。当时，我就想，这位"国学大师"真要是蒙冤受屈了，必定会有许多学人出于义愤，拍案而起。可是他并没有得到拥趸的力挺。那场名器之争闹得沸沸扬扬，却不了了之，那位"国学大师"的荆冠固然被打落在地，但没有真正论出个是非明白来。

在中国近现代，广义的国学大师（一个时代引领学术风气、集学问之大成者）也并不多，康有为、王国维、章太炎、刘师培、陈寅恪、钱钟书等寥寥数人当之无愧，以梁启超、胡适等人掺入，尚且会有争议。早些年，季羡林被人尊崇为国学大师，他惴惴不安，辞绝之意溢于言表，见于文章。严谨的学者往往具备自知之明，他们绝不会兴冲冲地去坐上那把标明为"国学大师"的电椅。

眼下，某位"国学大师"著作太少，却以"述而不作"为托词。两千多年前，中国的大师级人物确实有不少人述而不作，或作而不丰，学术界对他们的著作权归属一直存在争议：李聃只留下《道德经》五千言；孔丘只写过一篇《〈易〉大传》；孙武、墨翟、公孙龙、孟轲、庄周等人的雄文伟著顶多也只有数万字。一篇雄文半部书并不妨碍他们成为名副其实的大师，原因很简单，那个时代思想自由，原创容易，一克微言即可胜过万吨废话，弟子们将恩师的妙语一一记下，如《论语》之类，就足以流传千古。自汉朝以迄于今，两千多年来，则未闻述而不作仍能成为一代文化宗师和国学大师的。大学问家顾炎武壮游天下，观察郡国利病，走到哪儿写到哪儿；大学问家王船山豪吟"六经为我开生面，七尺从天乞活埋"，著作等身；梁启超一生著述一千四百余万言，可谓勤者多获；陈独秀在南京牢狱中手不停挥，撰成著作多种；陈寅恪在目力衰竭的苦况下，尚且在助手的帮助下写成洋洋近百万言的《柳如是别传》；钱钟书在人命危浅的年代凭借超人的记忆力草就《管锥篇》……事例太多，不胜枚举。两千年来，述而不作的大师，真是闻所未闻。如今，只有某些官员可以述而不作，这是他们的专利。大师要服众，"述而不作"无论如何行不通，若想不被称为江湖妄人，只有拿出过硬的学术著作，才能塞住悠悠之口。

国学大师不可误认，最好的认证标志就是生前的口碑和盖棺后的定论。一个人若仅有大师的光环而无大师的底蕴，他被错认为大师，就算一双臭脚被捧为三寸金莲，又有多少荣光？

君子言利

"君子不言利"的主张，并不是孔子提出的，而是孟子提出的。"子罕言利，与命，与仁"，这说明，孔子很少言利，但对它并非不置一词。

春秋末期，礼崩乐坏，孔子强调的是"克己复礼"，对于"利"，心情较为纠结。他说"仁者安仁，知（智）者利仁"，并无明显的贬义，只是提醒弟子"放于利而行，多怨"，就是说不择手段地追逐私利，容易生怨和招怨。他讲"君子喻于义，小人喻于利"，似乎要将君子与"利"撇个干净，其实不然。孔子周游列国，追逐权力的目的，何尝不是要"因民之所利而利之"，毕竟他不可能建立君子国。"天下熙熙，皆为利来；天下攘攘，皆为利往"，这才是大实话，谁又能逆天下公意而行？孔子比后世那些庸儒、散儒、陋儒更可爱的地方就是他既讲大道理，又掏胸窝子，他曾说过这样一句真心话，"富而可求也，虽执鞭之士，吾亦为之。

如不可求，从吾所好"，此语近情近理，相当通透和豁达。

战国时期，铁血交飞，诸侯尔虞我诈，相互攻杀，孟子适时地挑起义利之辩，执义而反利。他认定"上下交征利而国危矣"。殊不知，天下人"无利不起早"，孟子强调仁义为先，利益为后，实为过高之理，悖乎人性人情，所以他先后游说梁惠王和齐宣王，都以失败而告终，徒有"平治天下"之志而找不到政治舞台一试身手。真正可怕的并非"上下交征利"，而是没有健全的游戏规则，没有巧妙的制度设计，如果规则相对公平了，制度相对合理了，"上下交征利"又何患之有？

王安石是廉能高尚的君子，他敢废祖宗之法，公然为国谋利。其变法之所以虎头蛇尾，并非他的新法有太过明显的设计缺陷，比如"青苗法"，就是某些反对派也认为它利国利民，而是因为他用人不当，吕惠卿居心险诈，邓绾"好官我自为之"，这些小人包围着他，个个能力超强，但成事不足，败事有余。可怕的是，为了夺公权谋私利，当内外交困时，他们纷纷倒戈反噬，令王安石措手不及。君子要利国利民，在乎得人，在乎得人心，不得人，则人心尽失。

晚清时期，洋务运动方兴未艾，曾国藩、左宗棠、李鸿章、张之洞等人力倡，詹天佑、张謇等人力行，君子言利，谁谓可耻？其中，张謇为清末状元，改朝换代之后，仍旧官运亨通，但他把"实业救国"的主张落到实处，辞官回乡（江苏南通），办厂办学，利济一方。他是君子，但不是那种"日出万言，胸无一策"的君子，他干实事，办实业，谋实利，为近现代民族工业的兴起作出了榜样。这样的君子岂不是比那些仁义不离口、脚步不出门的儒生强远了吗？

近日，我读到杨建民先生的一篇文章，谈到当年的青年才子刘绍棠辞职当专业作家，纯粹靠稿费在北京买房。二十岁时，刘绍棠与友人聊天，说过这样一句话："如果能有三万元存款当后盾，利息够吃饭穿衣的，心就能踏实下来，有条件去长期深入生活了。"在上个世纪五十年代，三万元是一笔巨款，但刘绍棠手中拥有生花妙笔，得来全不费工夫。然而形势比人强，二十刚出头，他就遇上了反右运动，一切全泡了汤。被打成右派分子前，他已挣得一万七千多元稿费，这笔钱帮他撑过了此后二十年。想想，真是令人慨叹。当年，刘绍棠言利遭到严厉批判，现在平心而论，究竟有什么地方他做得不妥不对？

在宽松的社会环境下，君子言利，不仅无可厚非，而且值得赞赏。试想，君子获利，润身之余，则必定利群利国，济人济世，天下好事无逾于此。"君子固穷"的陋见早就该抛到爪哇国去了，一个"君子固穷"的国家是永远不可能真正富强的。

临到文章的结尾，我突然想起一位老先生给"海盗"出版社写信的定式："尽管君子不言利，但……"这种索取稿酬的信函措辞温文尔雅，却难免有点矫情，倒不如直截了当地说"贵社的选本偷用了我的文章，快把稿费寄给我，否则对簿公堂"。

古代变法的难度

中国古代的王国和王朝只要弄成了"百年老店"，占据官场要津的就必然是保守势力，把控国家命脉的就必然是既得利益集团，他们求稳不图变，安故不谋新。倘若有人要在政治上改弦易辙，在经济上破冰除霜，就必得时地相宜，内因和外因产生剧烈的化学反应不可。谁要是轻举妄动，试图改变国人的思维定式和行为习惯，维新变法，大幅削减既得利益集团的权势和财源，那么就很可能丢官丧命。革故鼎新，除残去秽，结怨之深，阻力之大，代价之高昂，后果之严重，洵属可想而知。官员怕的是火中取栗，讲的是浑水摸鱼，安常守故者多，锐意变革者少，谁要是自作主张，不按常理出牌，就会被当成异端，视为另类，旧规则的维护者将群起共讨之，甚至奋起共诛之。毫无疑问，维新变法是政治冰面上的高难度旋转动作，是"后外点冰四周跳"。在国家积贫积弱时，不变法则其亡也速；变法呢？动的可是"开颅"、"换肾"之类的高危手术，肯定会使某些人产生恐惧，带来百分之百的惊悚效果。有时，由于变法的触及面广，反对者夥，敌视者众，唯有决断力极强的铁腕改革家才敢冒着断头灭族的风险，毅然拿起手术刀，走向手术台。

"安于故俗，溺于旧闻"和"安其所习，毁所不见"是定式，"不破不立，不断不续"和"天变不足畏，祖宗不足法，人言不足恤"是变调，在改革家看来，倒逼式的维新变法属于特殊处置和非常举措，外部的强力推动固然必不可少，内在的迫切需求才是至关紧要的。改革家不可能独行其是，他必须与当朝君王的关系融洽无间，君王怀大志，改革家抱雄才，正如一个人手里抓着鞘，却没有刀，另一个人掌中握着刀，却没有鞘，二者型号相应，志趣相投，于是刀鞘合体。齐桓公与管仲、郑简公与子产、魏文侯与李悝、楚悼王与吴起、秦孝公与商鞅、汉景帝与晁错、宋神宗与王安石，莫不如此。这种君臣之间捆绑式的合作关系多半还算紧固牢实，问题就在于这种合作关系总是受到君王年寿的限制，君王不幸早死，变法者即顿失凭依，立刻裸露于狼群之中，只剩下死路一条，鲜有例外。吴起人死而法灭，是莫大的不幸；王安石人存而政息，眼睁睁地看着自己制定的新法被肢解被废除，是无限的悲哀；至于商鞅，他是改革家中罕有其匹的成功者，他的改革使秦国日益强大，却将自己送上了黄泉路，惨遭五马分尸的酷刑，死无葬身之地。

古代改革家的命运牢牢地攥在君王手中。君臣相得，则言听计从。君臣相失，则祸自天降。在历朝历代的帝王当中，昏君、庸君、暴君的概率高于97%，雄主、明主、贤主的概率低于3%。改革家的命运如何？还用细问吗？即使是汉景帝刘启那样开创过汉朝"文景之治"的明君，一旦吴王刘濞率领东南诸侯王打着"清君侧"的幌子联合叛乱，剑指首都长安，他明知其中藏有诡诈，仍将自己最欣赏最信任最倚重的"智囊"晁错当成一根废柴劈掉。汉景帝打的如意算盘是：虽无法用晁错的冤头弭解兵祸，却可以令叛军彻底理亏，再也找不到叛乱的借口。晁错提出削藩大计，为刘姓皇室的长治久安着想，到头来却被汉景帝当成猪仔卖掉，当作抹布扔掉，那种吊诡、荒诞和凄绝令人揪心，也令人寒心。

古代历史中的变法维新，短期见效的偶有，昙花一现的居多，具有长效机制的范例罕见，这是为何？一种体制固化僵化之后，改革就不仅仅是破冰之旅，简直就如同外科医生给自己动手术，麻醉师是自己，主刀医师是自己，止血者和缝合者仍是自己，休想指望他人的帮衬和补救。这个难度，比探险家攀登珠穆朗玛峰极顶只高不低。

"骂"的学问

自从中国有了微博，互联网上的动静就变大了许多，一些小事竟然也会引发蝴蝶效应。鲁迅曾认为那些围观杀人场面的看客太过冷血和麻木，他老人家要是有幸活在今天，只怕又会认为那些围观骂人场面的看客太过浮躁和愚昧吧。

在网络上，各类"骂战"连轴上演，有人边讲道理边骂，也有人不讲道理只骂。好事者立场鲜明，两阵对圆，拼命跟帖，经过他们的火上浇油，某些"骂战"远胜"谍战"。然而硝烟散尽，大家醒过神来，竟发觉对骂的双方意在炒作，赚足眼球，见好就收。这些年，各类骂战（从娱乐圈到文化圈）层出不穷，由于戏码太足，是非难明，剩下的往往只是恶语伤人和大言欺世。

细查字典，我们不难发现"骂"有双重含义："斥责"和"恶语侮辱人"。既然有此区分，关键就要看开骂者所骂的对象为谁，为何骂，骂什么，怎么骂。倘若有人骂中了该骂的对象，而且骂得淋漓尽致，就可能爆发现场的轰动效应，甚至青史流芳。西汉名将灌夫在盛大酒宴上忿骂炙手可热的国舅爷田　，竟娩出个"灌夫骂座"的成语（其引申义是"形容为人刚直敢言"）来。东汉末，著名文学愤青祢衡赤裸着身子击鼓骂曹（操），骂这位大权独揽的丞相是"汉室之奸贼"，直骂得气贯长虹，因此成为了历代戏文的抢手题材。

民国时期，善骂、敢骂者更夥，著名报人林白水唾骂国会议长吴景濂是"塞外的流氓、关东的蛮种"，斥骂那些受贿的国会议员为"猪仔"，嘲骂"狗肉将军"张宗昌的智囊潘复是"肾囊"，为此他付出了颈血冲天的代价。刘文典当面回骂国民革命军总司令蒋介石为"新军阀"，傅斯年撰文厉骂国民政府行政院长宋子文"神经有毛病"，张奚若在国民参政会上大骂国民党腐败、蒋介石独裁，洵然不失学者本色。闻一多在清华大学职工大会上斥骂治国无方的蒋介石是"混账王八蛋"，也可算是大义凛然。这些"骂"，无论对错，均出于公义，并非单纯发泄私愤。所以说，"入骨三分骂亦佳"，善"骂"者即使骂到更为"广谱"的国民劣根性和"阿 Q 精神"，也不会遭到世人诟病。

有人说：高明者口风幽默，站在理性的峰头，骂人不吐脏字，同样可以势如破竹。"骂"有高低之分、文野之别，无论是谁，倘若他为了逞口舌之快而不择荤素，就会被斥之为斯文扫地，被嗤之为泼妇骂街。义正词严的"骂"，通常是讲事实摆道理的严厉批评，而不是骂人者抱着灭此朝食的"英雄气概"，用唾沫和笔墨去污损和抹杀自己的论敌。

这当然是对的，但也要看看对象是谁，不能一概而论。我忽然想起美国作家马克·吐温，他曾愤骂"某些国会议员是婊子养的"。事后，美国国会责成他公开道歉，于是他登报声明："某些国会议员不是婊子养的"，那些猪仔议员仍然难逃其严厉谴责。马克·吐温为公理公义而开骂，使用的并非虚火，而是实弹，只有这样才痛快淋漓，也只有这样才不会因为骂出脏话而污损自己的人格。

当年，鲁迅尸骨未寒，苏雪林就谩骂他"心理完全病态，人格的卑污，尤出人意料之外，简直连起码的'人'的资格还够不着"。为此，胡适严肃地批评她这种笔下动粗的战法，他在信中告诫道："我们尽可以撇开一切小节不谈，专讨论他的思想究竟有些什么，究竟经过几度变迁，究竟他信仰的是什么，否定的是什么，有些什么是有价值的，有些什么是无价值的。如此批评，一定可以发生效果。……至于书中所云'诚玷污士林之衣冠败类，二十四史儒林传所无之奸邪小人'——下半句尤不成话——一类字句，未免太动火气，此是旧文字的恶腔调，我们应该深戒。"多年后，胡适仍在信中坦直地批评苏雪林的自以为是："'正义的火气'就是自己认定我自己的主张是绝对的是，而一切与我不同的见解都是错的。一切专断、武断、不容忍、摧残异己，往往都是从'正义的火气'出发的。……我请你想想吕伯恭的那八个字的哲学，也许可以收一点清凉的作用罢。"胡适所提到的吕伯恭，是南宋哲学家，他在《东莱博议》中提出八字方针："善未易明，理未易察。"这八个字的意思是说，"善"是不容易弄明白的，"理"也是不容易弄清楚的。既然一个人对"理"不容易明察秋毫，宽容就变得不可缺席，唯其如此，才能保障言论自由。

蛇年说蛇

十二生肖纪年始于东汉时期，当初，制定游戏规则的人怎么会不小心，让蛇先生轻易混入了这支以"贫下中农"为骨干的革命小分队？谜底早已石沉大海。

《圣经》最会记老账，开卷数页就见蛇，据说它是魔鬼撒旦的化身，引诱亚当和夏娃偷吃禁果，因此被怒火中烧的上帝逐出伊甸园，下场很惨，只能在荒榛野莽中讨生活，人类则背着沉重的"原罪"过苦日子，将蛇视为不共戴天的宿世仇敌，哪肯念及它启发情欲的若干好处。

通观西方的传统文化，蛇的形象就没好过几回。古希腊神话中的蛇怪墨杜萨不仅奇丑无比，而且法力无边，凡是盯她一眼的活人瞬间就会变成顽石，这无异于秒杀。特洛伊城唯一明智的祭司拉奥孔（他警告过特洛伊人勿中敌方的木马计）遭到天神惩罚，缠死他和两个儿子的那条巨蟒早已定格为邪恶势力的显著象征。

《伊索寓言》多次请蛇出场，喻象皆为忘恩负义、作恶多端、阴险狡诈、凶残狠毒、愚不可及的坏人。最著名也最精彩的一则寓言是《行人和蝮蛇》，讲的是一位行人可怜一条冻僵的蝮蛇，于是将它纳入怀中取暖，蝮蛇苏醒后，二话不说，就咬死了那位好心的恩人。不知从何时开始，这则寓言即被移花接木，张冠李戴了，题目由《行人和蝮蛇》变成了《农夫和蛇》。在《伊索寓言》中，《农夫和蛇》讲的是一位农夫的儿子被毒蛇咬死，他满怀仇恨，提着锋利的斧子去追杀毒蛇，结果斧子没劈中毒蛇，倒是劈开了石头，毒蛇幸运地逃进了洞穴。农夫害怕后患，转而向毒蛇求和，毒蛇以冰冷的语气告诉农夫："我一见那劈开了的石头，就不会对你有好感；同样，你一见儿子的坟墓，也就不会对我有好感。"

它的意思是：深仇大恨是不易和解的。

直到现在，从欧美电影中游出的大蛇小蛇都是可怕之物，鲜有例外。最典型的影片是《狂蟒之灾》系列，但凡看过这部惊悚片的观众，百分之七十以上夜里都会恶梦联翩，冷汗浃背，而蛇最喜欢潜入梦境，这份经验也是许多人共有的。

东方文化在人性本善的基础上积累而成，与西化文化对人性本恶的认定形成鲜明对照。中国人同样怕蛇，但对蛇的感情远比欧美人士复杂，将它纳入十二生肖之列，可能基于对可怕之物犹存感化之意吧？在中国传统文化中，蛇的形象好坏参半，《西游记》中的蟒蛇精固然对唐僧肉孜孜以求，难脱俗套，更正宗的古代传说却让蛇的名誉得以恢复。

和氏璧与隋侯珠乃是镇国之宝，就像"卧龙、凤雏，得一可安天下"。和氏璧由琢玉高手卞和于荆山觅得，来历并不曲折，献璧的过程和后来流转的遭遇才是情节跌宕起伏的连续剧。隋侯珠则不同，隋侯救下一条受到重创的巨蛇，这条巨蛇伤愈之后，感恩戴德，衔来一枚硕大无朋的夜明珠作为回报。这条巨蛇的出现确实令读者生出惊艳惊奇之感。大家可能会想，出手救一个忘恩负义的小人，还不如救一条知恩图报的巨蛇，能不能收获夜明珠尚在其次。

在所有与蛇紧密关联的传说中，《白蛇传》无疑是歌颂蛇情蛇义的巅峰之作，难能可贵的是，它没有堕入大团圆的喜剧陷阱。白蛇的多情，青蛇的多义，即使在人间，也不可多得。人们之所以憎恶法海和尚，把这位执著于擒魔捉妖的得道高僧视为好事之徒和行凶之辈，就因为法海没有甄别的眼光和包容的胸怀，只知搬教条，认死理，以无情者的刚性法则判决有情者重罪，他把这个符合人性（姑且勿论是否符合蛇性）的爱情故事活生生地搅黄了，抹黑了，因此观众痛恨他不肯成人（蛇）之美，不愿施法外之恩。

我还记得，一位老戏骨谈《白蛇传》，讲过一句意味深长的话："世间最可怕的就是法海这种角色，他好管闲事，不仅管得理直气壮，而且管得凶神恶煞，一定要用雷峰塔狠狠地镇住对方，使之永世不得翻身，才肯罢休。自以为是的人可能会犯错，自以为善的人则可能会作恶。"

龙是东方古国的图腾，却无人见识过它的真容（叶公当然是不能算数的），因此蛇就被提拎上位，誉为小龙。小龙兴不了大浪，也进不了大庙，它要与人讲信修睦，可谓任重道远，但那句"强龙莫压地头蛇"的民间语文还是为它挣得了些许荣光。或许你会说，"地头蛇"是个贬义词，没错，蛇被人类狂贬了数千年，直贬到"牛鬼蛇神"的地步，它早就满不在乎了。"强龙"应属褒义词，这倒值得人们再仔细斟酌一番。

蛇年说来就真来了，许多人谈蛇色变。倘若你能成为技高一筹的耍蛇人，抚笛轻吹，即可使之婀娜起舞，那你还有什么好担心的呢？

让它们放马过来

尽管马没有龙的尊贵和虎的威严，也没有猴的机敏和蛇的智慧，但它一直在人类文明史中真实地扮演着不可或缺的重要角色，令其他动物望尘莫及，自愧不如。

观图者的共识是：所有伟大的征服者都必须骑上振鬃长嘶的骏马，才像那么回事，恺撒、亚历山大、阿提拉、成吉思汗、拿破仑，个个顾盼自雄，却无一例外，下了马鞍，就会明显渺小得多。据传记上说，拿破仑被英国军方软禁在圣赫勒拿岛，最令他恼怒的事情并非伙食标准大降，而是无马可骑。

马衬托过胜利者的威仪，也步入过失败者的惨境。垓下之战，四面楚歌，项羽在军帐中低徊悲吟："力拔山兮气盖世，时不利兮骓不逝，骓不逝兮可奈何，虞兮虞兮奈若何！"虞姬横剑，刎颈诀别，那匹乌骓马则还要陪伴楚霸王杀出重围，奔向末路。它亲眼见证了楚汉之争的大结局，世间几人能有这样的运气？我想，太史公马迁绝对羡慕它，甚至嫉妒它。

汉武帝对大宛的汗血宝马诛求无餍，其兴趣不下于问药寻仙。武健者无马不欢，文弱者又如何？在清朝，皇帝重赏文臣，有一项特殊的政治待遇——"恩赐紫禁城内骑马"。臣子能在大内禁区策马扬鞭，无疑是一件极其露脸的荣耀事。大学问家王国维在清宫打过短工，职务为南书房行走。1924 年初，废帝溥仪褒赏他的忠勤，"著在紫禁城骑马"，王国维视之为莫大的荣幸，赶紧向老友和亲家罗振玉报喜："维于初二日与杨（钟羲）、景（方昶）同拜朝马之赏。此事在康熙间乃时有之，竹垞集中有《恩赐禁中骑马》诗，可证也。然此后则内廷虽至二品，亦有不得者，辛亥以后，此恩稍滥。若以承平制度言之，在杨、景已为特恩，若维则特之又特矣。"对此，你很可能会感到疑惑：在紫禁城骑马，这项纯粹的虚荣真就那么重要？王国维欣喜若狂，他的书信已透露出足够的信息。王国维死后，陈寅恪撰文称赞其"独立之精神，自由之思想"，现在看来，多少得打些折扣才行。

唐人以马入诗，每每灵感迸溅。李白的"五花马，千金裘，呼儿将出唤美酒，与尔同销万古愁"，可见诗仙邀饮之作风豪放；杜甫的"斯须九重真龙出，一洗万古凡马空"，可见曹霸绘画之神乎其神；韩愈的"云横秦岭家何在？雪拥蓝关马不前"，可见迁客伤心之悲怆莫测；孟郊的"春风得意马蹄疾，一日看尽长安花"，可见进士及第之狂喜不禁；李贺的"向前敲瘦骨，犹自带铜声"，可见天马下凡之劲健难匹。在古代的社会生活中，马如影随形，其中最光鲜的角色即扮演文人骚客的审美对象，倘若抽去与马关联的章句，中国古典诗文的损失将不可估量。

古人用马说事，无所不可，无所不及，无所不至。马拥有其他动物不曾拥有也永远休想拥有的无限出镜权，它冲决罗网，逾越疆界，成为古人经验、梦想、记忆、认识的紧固构件，不容拆卸，也不容易拆卸。

我们打开《成语词典》，马文化的浓郁气息就会扑面而来。豪奢则鲜衣怒马，淫逸则声色犬马；奸邪则指鹿为马，谄佞则溜须拍马；纨绔无为则飞鹰走马，罪人知过则悬崖勒马。势孤力薄则单枪匹马，势壮行速则风樯阵马；放言自快则驷马难追，捷才无碍则倚马可待；街市繁华则车水马龙，人气旺盛则车填马隘；军容严整则兵强马壮，战火纷飞则兵荒马乱；眷恋故土则代马望北，战死疆场则马革裹尸；两小无猜则青梅竹马，两情相悦则墙头马上；聪明的人不做马后炮，认真的人不打马虎眼。雄心不灭则老骥伏枥，经验丰富则老马识途，尸位素餐则老马恋栈。悲悯什么？人穷志短，马瘦毛长。叹息什么？千里马常有，而伯乐不常有。观察什么？路遥知马力，事久见人心。明白什么？食肉毋食马肝，未为不知味也。懂得什么？射人先射马，擒贼先擒王。佩服什么？天马行空，独往独来。避免什么？一花独放，万马齐喑。害怕什么？盲人骑瞎马，夜半临深池。疑惑什么？又要马儿好，又要马儿不吃草。清楚什么？一朝马死黄金尽，亲者如同陌路人。欢喜什么？刀兵入库，马放南山。感悟什么？塞翁失马，焉知非福。认识什么？于马上得天下，不能于马上治天下……

行文至此，已有万马奔腾之势。在新的一年，肯定有人上马，有人下马，有人落马，有人走马，有人卖马，有人偷马，有人赌马，有人杀马，既会有好消息，也会有坏消息，那么我们应该保持平和的心态，让它们放马过来。

"火"字背后有文章

在古希腊神话中，普罗米修斯为人类盗取火种，谋取福利，主神宙斯为此震怒，下令用锁链将他缚在高加索的悬崖峭壁上，任由饿鹰啄食其肝脏，啄后又长，长后又啄，痛苦万端。直到天生神力的勇士赫拉克勒斯射死饿鹰，这位悲情英雄才得到解救。人类拥有了薪火，就拥有了文明。但一事总有两面，失控的烈火不断给人类带来危害和痛苦。用之不当，则玉石俱焚。在所有的火灾中，人为的纵火最具杀伤力，背后往往另有文章。

冷兵器时代，军队纵火就像屠城一样残酷，这种手段屡试不爽，其居心和后果则各不相同。楚霸王项羽命令楚军焚毁阿房宫，是为了泄愤，与其说他痛恨大秦帝国的暴君胡亥，倒不如说他嫉妒后来居上的对手刘邦（刘邦率领大军抢先攻入函谷关，夺去了项羽的风头）。东吴少帅周瑜火烧赤壁（《三国演义》的作者罗贯中却将这笔奇功强行转账到了诸葛亮的户头），曹操的大军即刻奔溃，变成了收不拢的浮云拼图。另一位东吴少帅陆逊火烧连营，刘备的家底因此耗蚀殆尽，败退白帝城凄惶托孤。郑成功率水师攻克台湾，纵火烧毁荷兰占领军的远东舰队，这是最为奏效的一笔。蒋介石下令焦土抗战，张治中奉命而行，将兵家必争的古城长沙焚为赤地，这是最惨痛的一笔。战火兵燹，生灵涂炭，文明的精华化为灰烬，数千年间，无论在东方，还是在西方，这种悲剧从来没有落下过猩红的帷幕。

火是刚猛炽烈的，一旦它与纵火者结盟，就将犯下累累罪恶，销毁真相固然是当务之急，嫁祸于人则很可能捞到大便宜。乾隆皇帝登基之初，派遣钦差大臣去各地巡查粮仓，硕鼠们害怕赃迹败露，就预为之备，竟不惜纵火焚仓，这一招貌似管用，却经不起推敲。1860 年，英法联军侵入北京，如盗贼一般大肆劫掠，为了掩盖其罪行，竟纵火焚毁天下奇观圆明园，这段丑史使西方文明世界永久蒙羞。1864 年，曾国荃攻破金陵城，到处放火，险些将这座六朝古都焚为赤地，此举是故意掩盖湘军洗劫天王府的罪证，他本人大发战争财，也可借此摆脱嫌疑。1923 年，享受民国政府特别优待的废帝溥仪感觉手头拮据，在解决入不敷出的难题之前，他决定清点家底，说来蹊跷，清点工作尚无眉目，建福宫即突遇赤帝祝融顺访。1933 年，德国总理希特勒秘令纳粹党徒潜入国会大厦纵火，事后嫁祸于人，他因此得到了垂涎三尺的特别授权法，发动政变。

纵火者的阴暗心理昭然若揭，他们只求达到罪恶的目的，生命、财产、社会秩序、文明成果，全都不值一提，全都可以付之一炬。莫非他们听不见惨叫，看不见惨象吗？当然不是。在纵火者的心目中，与火神联手共谋必然使行动变得既简单又容易，一根火柴，一个烟头，就可以导演比电影《乱世佳人》中亚特兰大的大火更壮观千倍万倍的场面。

据美国媒体统计，从 1995 年 1 月到 1998 年 5 月，美国共发生了 429 起教堂纵火案，其中有 162 座黑人教堂被焚毁。在被捕的 199 名嫌疑犯中，白人占 160 名。在已被定罪的 110 名嫌疑犯中，白人占 94 名。这种针对有色人种的恶性歧视和恐怖活动竟发生在 20 世纪末，着实令人发指。2003 年 2 月 18 日，韩国大邱地铁突遭大火，导致三百多名乘客非死即伤的惨剧。事后查明，纵火者叫金大汉，五十六岁，曾做过流动小贩、货车司机和出租车司机，中风失去工作能力后，患上严重的抑郁症，多次自杀未果，最终决定报复社会，竟在中央路站一段区间利用盛满汽油的牛奶瓶纵火。2009 年 2 月初，澳大利亚森林纵火案造成数百人伤亡、数千人无家可归、一百多万头家畜和野生动物遇难的惨剧，由于火势迅猛，共拥有八百名居民的马里斯维尔镇被夷为平地，沦为废墟。邻近的金莱克地区几乎被大火从地图上抹掉。据调查结果显示，在森林火灾频发的澳大利亚，竟有百分之二十的火灾是消防员纵火所为，他们手头拮据，消极厌世，因此产生难以遏制的报复社会的心理。

纵火案的背后竟有这么多离奇古怪的文章，有的甚至还藏有不可告人的猫腻。应该说，纵火者的目的相当明确：既消灭对手，又省减工夫；既销毁把柄，又自证清白；既报复社会，又逃避惩罚。吊诡的是，公义难求，黑白颠倒，某些臭名昭著的战例和案例，居然成为了"经典"，某些罪不容赦的纵火犯甚至被后世尊崇为名将和英雄，这类咄咄怪事，竟史不绝书。

谈"孝"自若

今夏，我得便去昆明鸣凤山参观吴三桂重修的那座金殿，中国现存最大的铜铸道观非它莫属，不仅吨位足以取胜，而且铸造工艺十分高明。青石基座上镂刻有《二十四孝图》，历经风雨剥蚀，这些清初的原迹早已残缺模糊。以今人的眼光去看，其中"郭巨埋儿"、"卧冰求鲤"、"尝粪忧心"、"乳姑不怠"数则完全乖悖常情常理，甚至相当恶心。这就是传统文化，摒弃不难，认同不易，但我们要学会理解才行。

汉武帝罢黜百家，独尊儒术，"孝"恰恰是儒家伦理体系的核心。汉朝首倡孝治，举孝廉就属于彼时的发明，被荐举的人选必须孝顺父母，行为廉正。汉朝的孝子孝女奇多，董永卖身葬父，郭巨埋儿奉母，缇萦代父受刑，曹娥寻父投江，赵娥为父报仇，个个著名。我们读史细心，还会发现一个耐人寻味的现象：除开汉高祖刘邦，汉朝其他皇帝的谥号均前缀一个"孝"字，孝惠、孝文、孝景、孝武，一直到孝献。吊诡的是，汉高祖刘邦并非孝子，项羽捉住刘太公要当众活烹，刘邦却说："吾翁即尔翁，如欲烹尔翁，幸分我一杯羹！"如此看来，汉朝倡导孝治，仿佛中医常讲的"缺什么补什么"。

　　元人郭居敬迎合社会需求，辑录古代二十四名孝子的故事，编成《全相二十四孝》，序而诗之，用训童蒙，成为了风行全国的孝道范本，官方和民间从来没有中断过这方面的传播。五四之后，鲁迅撰《二十四孝图》一文，认为古人把"孝"字抬得太高，"这些老玩艺，本来谁也不实行"。但专制魔王的工具理性不可低估，忠臣多出于孝子之门，岳飞就是显例，但宋高宗（幕后指使者）和秦桧（实际操作者）以一个"莫须有"的罪名就将他冤杀于风波亭，可见忠孝者处境艰危，也可见极力倡导忠孝的专制帝王极为变态，内心阴森冷酷。

　　当代讲法治，孝治已不大行时，但这并不意味着孝治就丧失了市场份额，没有猛人再给它投注。你猜讲孝治谁最起劲？居然是某些贪官，这个事实真令人大跌眼镜。"新儒生"冯伟林的总结精妙无比，"廉洁是对父母最大的孝顺"，这篇讲演稿纲举目张，高明之处就在于：他把"廉洁"和"孝顺"并举而谈，将法治和孝治整合而论，最终使二者实现了无缝对接。古代的某些官员感叹于"子欲养而亲不待"，当代的某些官员则感叹于"亲犹在而子不养"，何故反差如此之大？因为某些当代官员贪赃受贿，额度之高近乎天文数字，法院依律判决，即算不是死刑，也会是死缓。白发高堂听闻光宗耀祖的儿子突然去鬼门关前转悠，悲不自胜，情何以堪？不能为父母化忧解颐，反而令父母丢脸痛心，这种人显然是不孝之子。一旦白发人送黑发人，内心的悲催又要大大加码。冯伟林的演讲稿立意不坏，用心良苦，可惜的是他能说不能行，伸手被捉之后，所产生的反讽效果将他以往的孝文化建设彻底颠覆，夷为废墟，这就寒彻了天下孝子之心。

"廉"的倡导者不廉而讲廉，"孝"的倡导者不孝而谈孝，其弊害甚至大过质疑"廉"和"孝"，反感"廉"和"孝"，否定"廉"和"孝"。何以见得？伪善坏过不行善，伪爱坏过不施爱，是相同的道理。人们最恨的是欺骗，是虚假，因为欺骗和虚假能够轻而易举地孵化出丑恶。

孔子说"听其言而观其行"，老百姓朴实无华，不会讲出这类文绉绉的句子，但他们的听力和眼光一点也不差。谁是真廉，谁是真孝，谁在撒谎，谁在忽悠，他们一目了然，某些官员自以为披了一件"新儒生"、"改革家"的炫酷外套，就能藏掖住自己骨子里的那份"小"，这种如意算盘还是少打为妙。

有一句老话是"万恶淫为首，百行孝为先"。那些大讲廉孝合璧的贪官落马后，总有一群情妇浮出水面来，"孝"是掺了假，"淫"却落了实。所谓"孝为先"，他们只是把"二十四孝图"挂在嘴上，哄人权当哄鬼，又能收效几何？

参观金殿时，我对同伴说过这样的话："吴三桂标榜忠孝，不惜斥巨资重修这座道观，最终却弄得满门抄斩，他忠从何来，孝从何来？这'二十四孝图'更像是讽刺漫画。"

低调的贪官更容易邀得大众原谅，高调的贪官则备受世人鄙夷，老百姓恨假之心，远远超过恨恶恨丑，揆之今日，尤甚于往昔。

四种活法

试议"文化密码"

喜欢阅读史书的人不难达成共识：中国社会乱象丛生，可以说是"林子大了，什么鸟都有"，也可以说是"三教九流，各有所求"。数年前，历史学者吴思著《潜规则》，以明代官场为主要解剖对象，确实向读者奉献了不少真知灼见，虽然书中对历史和现实直接诉诸批判和谴责的笔墨不多，但手术刀对脓疮肿瘤持续切割，其行为本身就代表了作者的态度。毫无疑问，潜规则比显规则要强大百倍、千倍，甚至万倍，权力寻租少不了它帮忙，钱色交易少不了它助兴，潜规则就像是传说中的隐形巨魁，它管控着名利场的前庭后院和左道旁门。

人类行为容易失范，游戏规则就是紧箍咒。人类社会喜欢内讧，多元文化就是黏合剂。有怎样的社会就有怎样的文化，有怎样的文化就有怎样的社会，正推理和逆推理均能成立。这是一个不争的事实：长期奉行潜规则的社会必定擅长使用文化密码。

20 个世纪四十年代，金岳霖先生是西南联大的逻辑学教授，他认为中国人的逻辑思维能力距离及格线还十分遥远，主要原因是，自先秦以来，墨家、名家被道家、儒家踢烂了场子，抢走了地盘，废掉了武功，读书人缺乏必要的逻辑思维训练，结果满脑子杂草丛生，日见荒芜。一些名言很能说明问题：前言还是"钱财如粪土"，后语就是"仁义值千金"，推理的结果是仁义相当于一大堆粪土；上回还强调"宁为玉碎，不为瓦全"，下次就坚信"留得青山在，不怕没柴烧"，转换的结果是瓦全的人将拥有更丰厚的回报；前半晌还扬言"大丈夫死则死矣，有何惧哉"，后半晌就声称"大丈夫能屈能伸，不争一日之雄"，比对的结果是好死不如赖活着。

即使是一句顶一万句的圣人哲言，也并非天衣无缝，照样会有经不起推敲的地方。在《论语》中，孔子告诫弟子"无友不如己者"（此语凡两见，另一处为"毋友不如己者"，钱穆先生在《论语新解》中将它翻译为"莫和不如己的人交往"），你定神默思，这话似乎相当在理。交往那些胜过自己的阔朋友、强朋友，益处无穷，多一位良友就多一条金光大道。问题是，倘若你谨遵孔圣人的教导，眼前就只有华山路一条。试想，那些比你更强更阔的人同样使用这个尺度，你就不配做他的朋友。一旦钻进这个逻辑死胡同，你就很难找到出路。真要是大家将"无友不如己者"奉为圭臬，就个个都会沦为孤家寡人。这样的文化明码（或谓之为"阳码"）显然缺乏可操作性，于是权宜和变通就成为了补救手段，另类的文化密码（或谓之为"阴码"）应运而生。"只有永恒的利益，没有永恒的朋友"，人人都处于利益链条的某个环节上，唯独伯夷、叔齐那种"义不食周粟"的绝对爱国者和严子陵那种"天子不得臣，诸侯不得友"的超级隐士才能逸脱出去，成为例外，但这种人寥若晨星。

半年前，我陪女儿读《百家姓》，"赵钱孙李，周吴郑王"，念到第三遍时，脑海中忽然"灵光"一闪，心想，这开头八个字就暗藏玄机，其谐音是"找钱送礼，粥无怎玩"。中国是东方最古老的礼仪之邦，中国人喜欢说"有理能走遍天下"，其实，应该说"有礼能走遍天下"才对，要送礼，就先得找钱。在潜规则运行无碍的社会,办事难,成事不易,金钱才是唯一管用的敲门砖和见面礼,贪官们在法庭上反复提交的"报表"无不证明着这样一条定理——"有钱能使鬼推磨"。首屈一指的人口大国难免粥少僧多,随着贫富悬殊日益彰显,基尼系数迅速拉大,社会的平衡更难维持,与其说"粥无怎玩"是"民以食为天"的诠释,还不如说它是"不患寡,而患不均"的警示。"找钱送礼,粥无怎玩",前四个字是对老百姓说的,后四个字是对执政者说的,语浅而意深,确实值得详尽地解读。

解密也好,批判也罢,应该是相同的目的:去伪存真,去芜存精。中国文化是一个硕大无朋的谜团,谜中紧套着谜,团中隐藏着团,要破译其连环密码,绝对是不容易完成的任务。这个"希望工程"远比高铁、地铁项目更难拿捏,谁也不怕大张旗鼓地事先张扬,但谁也不敢吹牛说"有几分投入就能有几分产出"。你也许会"明智"地说,还是让那些文化密码沉睡在蒙尘积垢的黄卷中为好,免得破译了,大家面面相觑,尴尬不已。柏扬先生就很不"明智",他将中国文化比喻为"酱缸文化",动不动就辱骂龙的传人为"酱缸蛆",弄得全球华裔脸上无光,心中无底。他想完爆中国文化,使之玉石俱焚,这个胆量忒大了些,冒犯的对象也忒多了些,效果显然不可能好到哪儿去。

但愿有志于破译中国文化密码的学者能够静下心来,潜下心来,安下心来,不用敲锣打鼓,也不用结彩张灯,只将它当成有趣的学问去研究就行,看看那些千年底片是否还能正常成像,这总比一味抬高或贬低传统文化更有意义和价值。

第三辑：彼与此

尽管有人不喜欢对比和区分，但在这个星球上区分和对比从未间断过。彼如何？此怎样？答案可能不同，类似的考量和权衡则始终存在，谁也无法侧身避开。彼与此属于二维平面空间，有点像是画地为牢，世界则是多维的、多变的，我们经常会顾此失彼，感到尴尬和窘迫。

"跳出三界外，不在五行中"，这个梦想确实还有些遥不可及。

通与不通

"达人"是当今非常流行的一个网络词语，它的意思不难明白，特指在某个领域的专业人士，或在某个方面的行家里手。古代也有一个遥相对应的词语，叫作"通人"，它比"达人"的含义更广，境界更高，大有思无涯、行无疆的洒脱范和明心见性的透彻感。

何者谓之"通"？耳目聪明则谓之通，筋脉舒张则谓之通，道路无阻则谓之通，舆情上达则谓之通，灵犀呼应则谓之通，门扉敞豁则谓之通，信息公开则谓之通，思想解放则谓之通，行动自由则谓之通，政治清明则谓之通，感情融洽则谓之通，文字流畅则谓之通。俗语说："想得通才识得透，行得通才吃得开。"中医说："通则不痛，痛则不通。"都很有道理，验之于历史和现实，如合符契。

应该说，通则难，不通则易。《大学》有言："至于用力之久，而一旦豁然贯通焉，则众物之表里精粗无不到，而吾心之全体大用无不明矣。"真要是抵达了豁然贯通的境界，也就一通百通，全无窒塞，了无障碍。

《庄子·让王》假借孔丘之口说："君子通于道之谓通，穷于道之谓穷。"这应是"穷通"一词的正解。因此在道的层面上说，穷与通有天壤之别。贫与穷大不同，穷斯滥矣固不可取，贫而乐道，贫而立德，则受人尊敬。

在《庄子·寓言》中，颜成子游对东郭子綦说："自吾闻子之言，一年而野，二年而从，三年而通，四年而物，五年而来，六年而鬼入，七年而天成，八年而不知死不知生，九年而大妙。"可见"通"并不是求道者的最高境界，但它是必由之路，必经之径，不通则不达，不通则不透。

大禹治水，重在疏导，排堵决壅，功不唐捐，一旦百川归海，水患自然消除。李世民以史为鉴，以人为鉴，从谏如流，从善如流，因此造就了贞观之治。中国古代政治少有清明时期，主要是指导思想有误，"民可使由之，不可使知之"，居高临下的愚民政策造成民气不通，民心不通，民意不通，因此官民隔阂，官民猜疑，官民敌对，这些政治的大碍、大忌和大害长期积累，则堵塞严重，风险叠加，后果堪忧。

人类的许多悲剧都是由于某个或某些关键环节不畅不通造成的。在莎翁的悲剧中，罗密欧与朱丽叶双双自杀，是因为彼此信息不通。在昆剧中，梁山伯与祝英台双双殉情，则是因为父母观念不通。大至两国交兵，异族动武，小至朋友反目，兄弟阋墙，莫不如此。若想求通，则须就事论事，将心比心，尽可能做到"己所不欲，勿施于人"。众所周知，通则和睦，通则畅快，通则尽弃前嫌，通则化干戈为玉帛，通则相逢一笑泯恩仇。

开车的人都明白，不通则不行，不通则不快，不通则不达。然而在说书和相声中，不通往往会产生奇妙的喜剧效果，比如张飞战岳飞，战得满天飞；又比如关公战秦琼，谁都不认怂。诸如此类。

清代的翰林吃八股饭出身，多有文字不通、常识不备的。乾隆朝某词臣奉敕撰写墓志铭，误将"翁仲"二字错成"仲翁"，被降职为通判。临行前，乾隆皇帝赋七言绝句一首调侃道："翁仲如何说仲翁，十年窗下欠夫工。从今不许为林翰，贬尔江南作判通。"每句诗的末尾二字均属倒置，好笑得紧。乾隆一生杀诗如麻，自己创作的和近臣代笔的律诗和绝句，加起来，据说有数万首之夥，但好诗不多，流传下来的甚少，这首谐诗饶有趣味，倒是偶尔还会被人记起和提及。

清末文豪王闿运恃才傲物，就没几个活人能入他的法眼。有人讥笑某某不通，王闿运闻而叹息道："此人何至于不通？他还够不上这'不通'二字！"不通居然也是一种闪亮的资格，还有比不通更等而下之的，属于非驴非马之类。清代学者汪中（字容甫）在扬州时，曾公开宣称，天下有一个半通人，一个是他汪中，自居不疑，还有半个是经学家程晋芳（字鱼门）。某位新科状元信心爆棚，自我感觉良好，他前去殷勤询问，汪中推辞不开，就告诉他："你不在不通之列。"状元郎大喜过望，汪中又徐徐而言："再读二十年书，你就差不多能接近不通了。"这话着实呛人一鼻孔黑烟，状元郎是否被气得呕血三升？则不得而知。

通则合情合理，不通则违情悖理，世间多有不通之人和不通之事，你究竟是一笑置之，还是与之死缠烂打？无论如何，你都要记住，幽默感绝对是随身必备的良药。

好士与好事

"好士"与"好事"，这两个词中的"好"字都要读去声（普通话第四声），即"喜好"和"招揽"的意思。在中国历史上，说到好士，绝对要首推战国四公子——齐国孟尝君田文、赵国平原君赵胜、魏国信陵君魏无忌和楚国春申君黄歇，个个门下号称"食客三千"。战国七雄的人口加起来共计多少？据历史学家充量估算，不会超过三千万。四公子门下居然就供养了一万二千名帮忙帮闲的精壮劳动力，这个比例相当惊人。

　　四公子养士干什么？其一，虚荣心作祟，互相攀比，谁也不愿认输，谁也不肯服输，这样一来，各自就得把面子工程做强做大，夯平夯实，打肿脸充胖子；其二，吸引国内外人才，形成貌似强大的智囊团，必要时，在政治、外交、军事等领域，由食客出谋划策，厘定方略；其三，储备出色的管理人员，为他们经营食邑内的诸多产业，收取田租是项技术活（对于赖账和欠债的人必须采取行之有效的措施）；其四，豢养卧底的间谍细作和仗剑的鹰犬爪牙，专为他们搜集重要情报，必要时大打出手；其五，容留鸡鸣狗盗之徒，以备不时之需。至于具体的运作方式，则白道、黑道参用之。

　　四公子特别看重好士的美名，有时候，名心甚至超过了功利心。为此，孟尝君田文与食客享用同样的伙食，有位食客忘恩负义，竟然给他戴绿帽子，他不仅不杀奸夫，还动用自己的人脉资源，将对方护送到卫国做官，如此宽宏大量，世间罕闻。平原君赵胜忍痛割爱，砍下枕边的美人头，一方面补偿邻居的精神损失，另一方面减轻外界的舆论压力（批评他重色轻士），这种做法血腥味十足，居然为他赢得了满堂彩。信陵君魏无忌撂下家中的诸多贵客，在闹市区执鞭驻车恭候侯嬴，为礼贤下士的风范立下标杆；春申君黄歇大把烧钱，豪装食客，宝石镶剑，珍珠嵌鞋，刻意炫富，直落下乘，这些骄客哪能是凤凰？顶多只是一窝中看不中用的锦鸡。

　　四公子好士的工夫下得足，效果却乏善可陈，说得客气点，也只能叫广种薄收。孟尝君有幸得到了冯谖，起初，他寸功未立，就争待遇，吃饭要有鱼，出门要有车，还索取一大笔安家费，孟尝君脾气好，全都满足他，也不清楚他是精金美玉，还是酒囊饭袋。后来，冯驩为孟尝君收田租，抓住机会笼络人心，冲掉了一些收不回的呆账、烂账，还在孟尝君政治生涯面临断崖式崩盘时，献出良策，力挽狂澜于既倒。平原君有幸得到了毛遂，也不是他慧眼识珠，只因出国办理外交事务的人才没法凑齐数目，毛遂才趁机自荐，得以随行赴楚。正是这位替补角色脱颖而出，关键时刻登台拔剑，胁迫楚王与平原君订立了盟约，为赵国争取到外交胜利。信陵君有幸得到了朱亥，勇夺魏国大将晋鄙的军队，解开赵国的重围。春申君有幸得到了朱英，却听不进他的逆耳忠告，因此被阴险的国舅爷李园截杀于途中，身死族灭。在四公子中，春申君自恃高明，结局最惨。

四公子养士，其中有不少人是身负血案的亡命之徒，是各国悬赏通缉的逃犯，因此他们将四公子的翼庇视为逋逃薮。这些人能够干出什么好事来？有一次，孟尝君路过赵国的某个集市，当地人好奇，观者如堵，都以为孟尝君风度翩翩，仪表堂堂，结果发现他相貌平平，身材五短，失望之余，不由得起哄道："我们原以为薛公（孟尝君）高大英俊，现在看来，只不过是位渺小的男人！"孟尝君闻言，面色铁青，怒发冲冠，陪同他出行的食客见状，立刻跳下车去，一顿猛砍狂斫，杀死了几百人，差不多屠灭了那个集市。从这个例子我们不难看出，四公子养士，豢养大批间谍和一支私人武装，对本国和邻国都会构成相当大的威胁。

王安石批评好士的孟尝君是"鸡鸣狗盗之雄"，他供养大批食客，与真正意义上的善待人才风马牛不相及。这话有很高的见地。四公子个个好士养士，帐下的优秀人才却屈指可数，这雄辩地说明，愚人进用则贤者远避，小人恣纵则君子幽隐，在食客中，势利之徒、平庸之辈和滥竽充数的南郭先生始终占据绝大多数。

四公子因为好事而好士。那些事，说白了，就是沽名钓誉，夺利争权，至于联合抵抗暴秦的正义事业，他们长年作出的贡献确实有点羞涩，拿不出手。那些食客只忠于有权有势的主公，并不忠于多灾多难的祖国，因此四公子好士也好，好事也罢，都是徒有空名，反而深受实害。

怪圈与名局

绝大多数中国人都出手玩过锤子剪刀布的游戏，说它简单，其实并不简单，双方对垒，与其说是瞬间的智力较量，还不如说是片刻的心理抗衡。中国历史反复衍生出一种奇特的三角关系，形成相对封闭的怪圈，谁也别想置身其外。锤子剪刀布是一种较好的形式，"螳螂捕蝉，黄雀在后"则是一种较坏的形式。

楚汉相争，看似只有刘邦与项羽双方逐鹿，实则还有第三方（韩信）居间制衡。当汉王刘邦、楚霸王项羽恶斗到白热化时，齐王韩信的趋避向背就直接决定着他们的成败，与其说项羽败给了刘邦，还不如说拔山扛鼎的楚霸王败给了那位在淮阴街头甘受胯下之辱的委琐男。历史总是如此吊诡。

我读《水浒传》，对豹子头林冲这个人物抱有至为深切的同情。林冲原本有个体面的身份（八十万禁军教头），有个美满的家庭，好日子过得自在安稳。谁知平地起风雷，祸从天降，林家娘子游园时遭到色胆包天的高衙内调戏，而高衙内的老爹是太尉高俅，单是拼爹这一项目，林冲就输得血本无归。在汴梁城，杨志卖刀，倒了血霉；林冲买刀，也倒了血霉。高俅在白虎堂设下陷阱，诱使林冲入局。林冲稍不留神，就被彼等宵小牵着鼻子兜圈圈，捧着宝刀误闯禁区，犯下重罪，刺配沧州，没过多少个日夜，就家破人亡了。

一部分人是主动入局的，一部分人是被迫入局的，还有一部分人是被诱入局的，他们在局中分饰的角色迥然不同，结果也大不一样。但他们的角色并非一成不变，穿草鞋的可以变成穿皮鞋的，扛锄头的可以打败握权杖的，八十万禁军教头可以变成梁山泊好汉，情理上严丝合缝，逻辑上无懈可击。

"人事有代谢，往来成古今"，在中国历史的纵深处，由于人口稀少，物质匮乏，格局要狭小许多，也要简单许多。齐相晏婴设局，二桃杀三士，那样的计谋居然能够顺利成功，足证古人的血性和义气尚未掺假，要是换到后来的黑铁时代，别说二桃杀不了三士，恐怕晏婴的脑袋瓜早被剁飞了。所以说，局之成与不成，除了要察看客观条件是否配伍，还应注意主观条件是否合辙。没有李斯的鼎力相助，屡献奇谋，瓦解六国的联合战线，嬴政建立秦王朝就不会那么顺风顺水，应该说，这个通盘大局李斯做得上佳。由于忌才，李斯暗害同门师弟韩非，这个局做得很坏。由于贪恋权势，李斯与赵高、胡亥合谋于暗室，矫诏逼死公子扶苏，这个局做得极差，他种下恶因，最终遭受了灭族之祸。在权势和利益当前，真正不脑热不智昏的人，多乎哉，不多也。范增设计了鸿门宴那样完美的饭局，却由于项羽心太软而弄得一地鸡毛，与胜机失之交臂。从政治斗争的角度来看，项羽出缓招当然极不明智，而从人性挣扎的角度来看，嗜杀成性的楚霸王居然突发慈悲，表现出大仁大义，又着实难得。这个名局功败垂成，对项羽来说是一件糟心事，对于广大黎庶而言，也许倒是一个好消息，楚霸王的横暴个性确实不待人见。

从晚清到民国，中国经历的是数千年未有之变局，这个"局"集合了怪圈的所有特性和特质，将彼时彼处的智者和愚者、勇者和怯者、仁者和恶者都牢牢地吸附在其中，颠倒之，熔化之，浇铸之，最终出产的，乃是迥异于往昔和今朝的品种。他们的是非观念，他们的家国情怀，他们的政治态度，都值得我们仔细考量。李鸿章一度建成排名世界前八的北洋舰队，但由于慈禧太后挪用大笔军费，甲午海战，北洋舰队几乎被日军全歼，清王朝的国力因此衰弱，东邻强寇从此坐大。康有为缺乏领袖气质，玩"小臣架空术"，玩"借刀杀人术"，坐失千载一时的变法良机，终于闹得众人寒心丧气，使古老华族在腥风血雨中沉沦挣扎数十年之久，以至于元气大伤。谭嗣同将各种显形和隐形的局统称为"众法网罗"，实在是太形象了，置身在这个巨大的网罗中，绝大多数人都会丧失冲决的勇气，变成爬虫，变成走兽。

历史报忧不报喜，总是显示出其中最冷酷最残忍的一面，欠缺温润和善良。这样也好，我们从许多细部可以判断出命运这只"黄雀"究竟干了些什么。它是最后的胜者，结果毫无商量余地。唯一耐人猜寻的是：它出镜时究竟是何方神圣？扮演蝉和螳螂的又会是谁？

谣言与指控

恶意中伤是造谣者的必杀技，使用淬毒的暗器和致命的阴招，其目的在于添堵、泄恨、复仇、报怨、搅局、打击假想敌、唯恐天下不乱，甚至反人类、反人道、反人性，数者必居其一。在人治彻底压倒法治的年代，直接用谣言指控对方，风险不大，胜算不小。哪座露天的石像上不是落满鸟粪？哪位露脸的角色能够躲避谣诼？社会知名人士出镜率越高，就越有可能成为造谣者瞄准的标靶。

欧阳修是北宋文豪，他主张变法，支持改革。庆历之初，因为力挺改革派领袖杜衍、韩琦、范仲淹等人，他得罪了朝中权贵陈执中、贾昌朝。在节骨眼上，他的外甥女张氏与仆人陈谏私通，被告发后，遭到开封府右军巡院拘禁。恐慌之下，张氏自求解免，胡乱牵攀，招供了一些她少女时期的闺阁秘辛，与欧阳修有撇不清的瓜葛。判官孙揆明察秋毫，只查办张氏与仆人私通的罪错，对其余枝枝蔓蔓的丑话未予采信。宰相贾昌朝正要借机狠切欧阳修，他见到孙揆的判词，哪能满意？于是他改派太常博士苏安世复勘，内侍王昭明监勘，满以为万无一失。哪知王昭明看了苏安世的复勘案牍，不以为然，他在宫内常听仁宗夸赞欧阳修，担心自己制造冤案，依顺了宰相，忤逆了皇上，事后会要吃剑。苏安世见王昭明不肯配合，同样害怕脑袋搬家，最终此案仍以孙揆的判词为准，只附加一条：欧阳修用张氏资金购田产立户，有经济往来。欧阳修受到张氏案的牵连，由知制诰贬为滁州知州，那篇《醉翁亭记》即写于任内。此案虽结，仍长出一条丑陋的尾巴，欧阳修盗甥的谣言风传天下。有心人甚至找出欧阳修创作的小令《忆江南》来加以佐证，"江南柳，叶小未成荫。人为丝轻那忍折，莺怜枝嫩不堪吟，留取待春深。十四五，闲抱琵琶寻，堂上簸钱堂下走，恁时相见已留心，何况到如今"，造谣者据此捕风捉影，穿凿附会，传谣者也跟着瞎起哄。从实际效果来看，这个谣言既伤害了欧阳修的清誉，也使其政治前途长期受阻。

白居易是唐代元和诗坛执牛耳者。他自承"三十气太壮，胸中多是非"，由于直言无忌，得罪了朝中权贵和藩镇节度使，因此成为彼辈之眼中疔、肉中刺。白居易的母亲患精神病，因为看花堕井而亡。造谣者就"独具慧眼"，挑出他在守孝期间创作的《赏花》《新井》二诗，指责他浮浪无行，有伤名教，不宜在朝为官。结果白居易被排挤出长安，贬谪为江州司马，千古绝唱《琵琶行》即诞生于贬谪地。造谣者会下蛆，也曾为某些传世的神作铺就"产床"，他们的功过该如何评说？这绝对是一道难题。

南宋思想家朱熹的案情则较为复杂。他自诩为圣之时者，过于高调，在学界、政界均树敌不少。他要做圣人，主张"存天理，灭人欲"，自个儿就该检点私德才行，学习孔子、孟子，管住下半身。监察御史沈继祖弹劾朱熹，主张杀掉这位山寨版的圣人，严厉的指控招招直奔朱熹的命穴而去，历数其六宗罪："不孝其亲"、"不敬于君"、"不忠于国"、"玩侮朝廷"、"哭吊谪臣"和"为害风教"。在弹章中，沈继祖指责朱熹不学无术，剽窃张载、程颐的学术成果，寓以吃菜事魔的妖术。他指责朱熹不孝其亲，则有点搞笑，说是建宁新米色白味美，朱熹却只让母亲吃老仓陈米。

他指责朱熹为害风教，言之凿凿，似乎委派了私家侦探搜集证据，朱熹引诱两名尼姑做宠妾，带着她们赴任履新，招摇过市，大儿媳寡居期间怀孕生子，朱熹有扒灰的重大嫌疑。这几项指控，究竟哪些站得住脚，哪些站不住脚？时过境迁，我们已很难作出公断。当年，朱熹上书谢罪，自称"草茅贱士，章句腐儒，唯知伪学之传，岂适明时之用"，诚惶诚恐之极，唯一未予分解的就是有关扒灰的影射。可能他完全无辜，但闺门不谨，若非公公扒灰，就可能是叔叔盗嫂，或大儿媳与外人私通，总之，都是不宜外扬的家丑。时人和后人才不管那么多，谣言重复一万遍就变成"事实"，在某些人心目中，朱熹扒灰乃是板上钉钉的铁案。有些智者并未轻信谣言，但幸灾乐祸，认为朱熹活该蒙冤，谁叫他专灭人欲，却放纵己欲？何况朱熹做过两件不得人心的事情，可谓狠辣而残忍：其一，他罗织罪名，锻炼成狱，惩治营妓严蕊，伤害无辜的唐仲友；其二，他在潭州任上，得密报，翌日嘉王将登极称帝，必降旨大赦天下，于是他立刻入狱，提出十八名在押重囚，悉数斩杀。圣人之徒言行不一，假道学害人终害己。朱熹被谣言中伤，上达天听，竟没有几人出面为他申辩。宋人叶绍翁的《四朝闻见录》述及朱熹暮年受难，这样写道："虽文公（朱熹）之门人故交，尝过其门，懔不敢入。"落水的凤凰不如鸡，世态炎凉如此，人们恬不为怪。朱熹死罪可免，但惊惧致病，终于只能折寿消灾。

　　以上三个典型案例均说明，谣言并非盲目伤人，它们带有瞄准器，一点也不比狙击枪的准头差。名士重清誉，造谣者就径直污损其清誉；圣人重形象，造谣者就径直毁坏其形象。乍看去，淬毒的谣言能够将重情重义的白居易贬斥为"不孝子"，将头脑清醒的欧阳修折腾成"醉翁"，将学术地位崇高的朱熹编派成"扒灰佬"，造谣者似乎已大功告成，但你再往深处想想，造谣者也忒可怜，这样的"光辉成就"果然能够足慰平生，光耀千古吗？

无奈与无赖

《水浒传》中超过一半的内容都在围绕着"逼上梁山"这四个字兜圈圈，具体"逼"法可谓五花八门，各不一样：有的人遭到狗官迫害，有的人因为血案缠身，有的人由于落魄潦倒，除此之外，还有一种特殊情况，梁山泊山寨设计做局，将重点人物网罗入伙。青面兽杨志被逼上梁山，究竟属于哪种情形？应该是第二种和第三种兼而有之。

杨志押运花石纲，横渡黄河时翻了船，有辱使命，高俅一怒之下，将他从殿帅府扫地出门。常言道，"一枚铜板就能难倒英雄好汉"，这位落魄至极的杨家将后裔无奈阮囊羞涩，只得硬着头皮到汴梁街头标卖祖传宝刀。倒霉的事总喜欢扎堆，杨志将宝刀标价三千贯钱，贵是贵了点，并没有妨碍到谁，可是泼皮牛二偏要来寻他的晦气，找他的茬子。杨志将宝刀的三宗好处当街演示了两宗（"砍铜剁铁，刀口不卷"和"吹毛得过"），第三宗好处是"杀人不见血"，没法当街演示。这牛二耍无赖，口口声声要买刀，却不肯掏钱，还对杨志拳打脚踢。杨志本就窝了一肚皮鸟气，无处发泄，牛二来挑衅他，岂不是找死？说时迟，那时快，只见寒光一闪，牛二人头落地，刀上果然没沾一滴血，只可惜牛二睁开牛卵大的眼睛也看不到了。杨志出于无奈，在汴京街头杀了无赖，好歹被轻判了个防卫过当，充军大名府。

世间多的是坎坷和无奈，少的是快乐和幸运，谁都会遭遇这样那样的倒霉事情。最令人愤懑的是，当你行背运时，某些无赖会闻风而至，来雪上加霜，落井下石，拼命地糟践你，侮辱你。你怎么办？也像杨志那样挥刀杀人？在绝大多数情形下，尽管投诉无门，你也不太可能铤而走险，通常只好忍气吞声，忍辱含垢，无奈的沼气则必然浓度升高。现实永远比小说更短缺回旋的余地。

在官本位的社会，官场小说极其吃香，确实合情合理，升斗小民谁又不想一窥官场的奥秘呢？尽管那些万花筒并不靠谱，但也能够使读者的偷窥心理得到几分满足。若要评出中国有史以来最出色的官场小说，请你行使评委的特权，你会推选哪一部？不少人可能会径直推荐李伯元的《官场现形记》，或吴沃尧的《二十年目睹之怪现状》，甚至首选《红楼梦》。其实，中国最好的官场小说应该是《西游记》。它以类似寓言的方式刻画了官场的万千景象。孙悟空时常要对付的那些妖魔鬼怪，个个都是披着伪装的大小无赖，他们千方百计要吃到唐僧肉，以求长生不老，永享威福。细数一下，孙悟空打死的那些妖怪（黄风大圣、多目怪、白骨精、红蟒精之类）全都没有背景和靠山，真有背景和靠山的，最终都被佛祖、神仙、天将一一认领回去。孙悟空痛感无奈，主要在两个方面：其一，身为小分队领导，唐僧人妖莫辨，是非不明，屡次罔视其救命之恩，对他滥加责罚；其二，他决意扫清妖氛，荡平魔界，却总是被各路强梁弄得功败垂成。

　　在无赖横行霸道、肆无忌惮的社会，各种无奈势必产生放大效应，憋屈感、受辱感就会极其强烈，社会的动荡也将因此加剧。在中国古代，许多皇帝都是超级无赖和顶级流氓，如果说像隋炀帝那样儿子霸占父王的妃子，像唐玄宗那样父亲巧取儿媳，宫帏秽乱还只是人伦道德上的丑表演，像朱元璋那类诛戮无餍的恶魔，就不止是心地残酷这么简单了。宫中那些去势的太监固然是可怜虫，同时他们也是变态的无赖，存心造成更多的受害者，皇帝长期蛰居在紫禁城中，被一大群心理阴暗的无赖团团包围，他们想不变成超级无赖，也难啊！

　　这就不奇怪了，改朝换代总是换汤不换药，中国古代的社会图景一直大同小异，在超级无赖的统治下，老百姓永远只能痛感无奈，找不到出路，没有出头之日。不肯在浊世和乱世变成无赖的人，除了极少数淡泊隐者能够避世，其余的谋生者就只能混世，去跟各路无赖日夜周旋，讨生活的难度和成本从来就没有降低过丝毫。

　　任何人都别指望无赖绝种，但要是能在生理和心理两方面把无奈降至可控范围内，总是一件令人欣慰的事情。如今，环境污染、食品安全、豆腐渣工程这类关涉到大众切身利益的社会问题层出不穷，身居广厦、丰衣足食的人也会颇感无奈，而无赖们为何敢火中取栗，刀口舔蜜？这些家伙利欲熏心固然不错，但还有更深层次的原因，官商勾兑和勾结所产生的环环相扣的利益链条才是导致种种无奈的根源。

有益与有害

这个话题值得讨论：中国古文明的遗存，除开经史子集，地表上的文物屡遭兵燹战火摧残，浩劫之余，所剩下的荦荦大者，拿出来，至今仍可以登上"世界奇迹"十强榜的，一是万里长城，二是大运河，它们都是由皇帝亲自挂帅抓出来的政绩工程。万里长城，是在谁手上兴修的？秦始皇嬴政。大运河，是在谁手上凿通的？隋炀帝杨广。这两位角儿不简单，前者是秦朝的始皇帝，后者是隋朝的末皇帝，他们都是中国历史上有大才干和大魄力的超级猛人和绝对强梁，堪称暴君中的暴君。暴君竟为子孙后代留下了奇迹，那些明君、仁君留下了什么？比如说，汉文帝刘恒、汉景帝刘启留下了什么？唐太宗李世民留下了什么？宋太祖赵匡胤留下了什么？这样一问就有些尴尬了。他们只留下一座座巍峨的陵墓！甚至连陵墓也非复旧观，被人盗掘过多回。史书上说：文景之治，轻徭薄赋，与民休息，造成了汉朝数十年的盛世；唐太宗从谏如流，平复战争留下的疮痍，振兴了唐代的文化和经济；宋太祖黄袍加身，杯酒释兵权，他的宝座不是从血池子里捞起来的，社会也没有产生可怕的震荡，建隆三年（962 年），他还在太庙寝殿的夹室内立誓碑一块，其中一条就是"不得杀士大夫"（"乌台诗案"时，这句太祖誓言救了苏东坡的性命）。那些明君、仁君或多或少做了一些对百姓苍生有益的事情，却没有留下堪称奇迹的实物，供后人瞻仰、赞叹，拿去申报世界遗产，变成生金蛋的天鹅，大收特收高价门票。"不到长城非好汉"，这句话至今仍在感召天下游客前往攀登，围绕长城形成的产业链使许多人就业和发财，可谓皆大欢喜，有百利无一害。至于这样有益的工程怎么是暴君下令干成的，它们是多少吨血泪的产物，曾造成过多少幕人间悲剧？这些问题就很少有人去深究了。

为了北拒匈奴，秦始皇下令修建万里长城（包括衔接韩国、赵国和燕国残余的旧长城），不仅逼出了孟姜女的传说，也逼出了陈胜、吴广起义，秦朝把这桩有益的大买卖做成了一桩极端有害的亏本生意。有人认为，对于中国来说，大运河远比长城更重要，大运河连通了黄河流域和长江流域，沟通了两个一直疏离的文明体系。然而隋炀帝欲壑难填，其楼船过处，民怨沸腾，最终有益的花只结出有害的果，隋王朝因此土崩瓦解，这绝对是隋炀帝杨广始料未及的。

有益和有害仿佛是骰子中的大和小，扔在赌桌上，一忽儿为大，一忽而为小，赌大的人输了，赌小的人就赢，反之亦然。单说长城，让秦朝的老百姓选，他们会乐意去修建吗？会愿意为了修建它而变成戍卒，变成刑徒，变成枯骨吗？当然是不乐也不愿，就算你能穿越时光隧道，告诉他们这座万里长城将来会变成世界奇迹，他们也仍然会大摇其脑袋瓜，甚至瞋目欲裂，跟你急，揍你个七荤八素。大运河当然也是这样，你可别拿它去招惹隋朝的老百姓，告诉他们大运河千好万好。异代不同时，今人得利受益之后，还能设身处地为古人着想为古人伤悲的仁者恐怕不会很多吧。

唐朝诗人皮日休作七绝《汴河怀古》二首，第二首这样写道："尽道隋亡为此河，至今千里赖通波。若无水殿龙舟事，共禹论功不较多。"汴河即通济渠，是大运河的首期工程。皮日休认为，杨广若非穷奢极欲，乘龙舟下江南，残民以逞，修凿运河就是了不起的德政，可以与大禹治水的神功一较高低。这个持平之论令人信服。隋炀帝为害于生前，裨益于身后，这令史家也犯踌躇，不知该如何评价他。

古代文人不乏矫枉过正者，他们唱出的调调是："不做无益之事，曷遣有涯之生？"这一派的文人奉庄子为祖师爷，他们痛恨黑暗的现实，兼济天下的活计轮不到他们去干，独善其身的活计他们干起来又没情没绪的，于是"竹林七贤"除开清谈，服五石散（当时士大夫趋之若鹜的易成瘾毒品），陶醉于醇酒和妇人，睁一只眼闭一只眼过一辈子（这样过活仍有风险，嵇康"薄周孔而非汤武"，脑袋就搬了家）。庄子主张"无用乃为大用"（在他看来，做臭椿和曳尾于泥途的野龟是大幸事），依此替换，公式又何尝不可以是"无益乃为大益"呢？逆向颠倒地思索一番，就不难明白：为何一些有益的事会变成有害，一些有害的事又会变成有益。历史是粗线条的，无数人用自己的生命支撑着这条冰冷的规律，他们都被忽略不计了。你说是悲哀就是悲哀，你说是活该就是活该。唯有人文精神才会让你惊奇地发现自己居然还有慈悲心肠，还能分辨有益和有害之间微妙的嬗替和转换，而不是甩出钞票购买门票，登上万里长城，拍摄一堆照片，就逢人夸耀自己是好汉了。

在中国，何时何地又缺少过这样或那样的"好汉"？缺少的是真正参透事理的明白人。

为人与为物

我有位朋友老秦，儿子不到十岁，读小学四年级，除了分内必学的功课，还要学奥数、绘画、钢琴和英语，学校布置的作业原本就多，除了吃饭、睡觉，他几乎没有玩耍的时间。老秦想给孩子减负，妻子却不同意，她说："这就叫多啊！你没见过多的吧？睁大眼睛看看周围啊，现在都什么时代了，社会上竞争激烈，淘汰残酷，莫非你要让儿子输在起跑线上吗？"这下就轮到老秦无语了。老秦做不成"狼爸"，他妻子倒做成了"虎妈"。他儿子生性顽皮，不服从管束，虎妈除了严厉责备，还会施加体罚。有一次，他儿子被虎妈数落一顿后，还挨了打，十分委屈，跑去书房向老秦哭诉："为什么妈妈老是欺负我，一天到晚要我听她的话？我们班上的同学并不是个个都像我这样辛苦，有的放学后，做完作业，就可以玩游戏，看动画片，我怎么就一天到晚要学这个学那个，没完没了？爸爸，你让妈妈饶了我吧！"儿子两眼汪汪，老秦爱莫能助，虎妈在家庭教育这块地盘上太强势了，寸土必争，寸步不让。老秦不想忽悠儿子，什么"吃得苦中苦，方为人上人"，大人的逻辑是个极其复杂的系统，小孩子的逻辑却简单直截："学东西可以，我也要玩啊！"

谁都有过童年。尽管我们的童年物质贫匮，毕竟拥有较为充裕的游戏时间，抽陀螺，跳房子，推铁环，放风筝，玩弹弓……花样多多。现在的孩子衣食无忧，但他们的书包越来越沉重，功课越来越压头，游戏时间被蚕食殆尽。教育部年年高喊减负，社会却漠然视之，家长和老师个个摩拳擦掌，恨不得用知识的大山镇压住孩子，就像如来佛祖用五行山镇压住孙悟空那样。半个多世纪前，鲁迅就大声疾呼"救救孩子"，时至今日，警报的级别反而由橙色升格为红色了。

中国社会对"好孩子"早就形成了一个确立不拔的标准，说深奥点是要像孔门头号弟子颜渊那样"不违如愚"，说浅白点是"乖"和"听话"，这样的孩子够温驯，够老实，任由大人摆布，长大了，是好工具，甚至是上等奴才，于是皆大欢喜。然而真正的公民无不具有强烈的个性，哪肯做应声虫和牵线木偶？

上个世纪三十年代，学者潘光旦在《国难与教育的忏悔》等一系列文章中曾尖锐地批评道：国内的教育只是"为物"的教育，与"为人"的教育风马牛不相及。中国的现代教育有一件事情最对不起青年和国家，那就是没有把人当作人来培养。潘光旦反思中国现代教育的种种失误和失败，尤其是青年迷失自我，丧失个性，被异化为只知听命行事的工具，对此他痛心疾首。我重读潘光旦先生半个多世纪前的谠论，反观当代教育，心有戚戚焉。

有一回，我尝试转换角度，变换方式，用半开玩笑半认真的语气与老秦的妻子沟通一下看法。我说："现在高考升学率高得惊人，上大学比上卫生间难不了多少。有位高中生没考上大学，回家后，战战兢兢。他父亲问他考没考上，他嗫嚅着说：'没……没……考上。'他父亲又追问，班上总共有多少人考上了？他更加慌张地回答：'班上五十二个人考上了四十六个。'这孩子垂头耷耳准备挨一顿七荤八素的臭骂，谁知他父亲竟有点喜出望外，拍着儿子的肩膀说：'物以稀为贵，儿子，你真行！'考大学容易了，社会评价标准日趋多元化，家长要学会宽心，让孩子更轻松才对啊！"我的话音刚落，老秦的妻子就唱起了反调："你那个笑话只能用来哄哄傻瓜。现在考大学确实容易，考生日益减少，升学率逐年提高，这都是事实。但要考上一所国内和国外的顶级名牌大学，仍旧犯难。光读个本科怎么够？没有博士文凭简直寸步难行！"

老秦的妻子没有幽默感也就算了，但对她的陋见我不敢苟同。可悲的是，她的观点代表了一大批家长和老师的共识。于是乎，老秦的儿子仍要天天扮演木偶，夜夜听他妈妈摆布，比一个跑场子的明星累得多，却缺乏甜头和盼头，不知何时才能"刑满释放"。

2010 年，因为写作一部当代人物传记的缘故，我采访过教育改革家、云南省教育厅长罗崇敏，他扎扎实实调研了 32 年来全国各地的高考"状元"144 名、近 10 年来云南省的高考"状元"22 名和全国"奥数"大赛获奖者 24 名，竟发现他们很少有值得称道的事业建树，因此他深感"教育素质的流失和创造力的匮乏已经使中国的教育事业出现严重危机"。

我们还能关起门来自己骗自己吗？让孩子成为驯服的工具和学习的强人是不是最佳选择？上面的数据足够雄辩。何时才能把孩子当成人来培养？这项事业才真叫"希望工程"。

大碗与大腕

平头百姓也许并不熟识一言九鼎的大腕，却与大碗有着天然的联系。

二十多年前，我读大学三年级，与班上同学去山西忻州调查方言，看到当地农民用海碗吃刀削面，放一把辣子，浇二两陈醋，一个个吃得额头直冒细细的汗珠。胃口美好绝对令人羡慕，我对那些清一色的海碗印象上佳。我想，单单用性格粗犷和饮食粗放去形容他们显然不够恰当。天大地大碗也大，只能说，江南小碗确实盛不下黄土高原的雄浑气韵。

无独有偶，云南的过桥米线一律采用大碗，相比西北的海碗有过之而无不及。一碗状元米线，鸡汤不冒热气却无比滚烫，配料多达十余种，其中有蜂蛹、冬虫夏草、腰果、肉片、虾仁、鹌鹑蛋、菊花、蘑菇、青菜，色香味俱全。我在昆明和蒙自吃过桥米线，每次都会产生饕餮之感，固然大快朵颐，但没有一次真能干掉大碗中的那份定额。

有一部电视连续剧叫《天下一碗》，讲的是云南过桥米线的故事。其中一位剧作者是云南的著名改革家罗崇敏。他给我讲述剧本的创作过程，起初就有一个避不开的纠结：剧名到底是叫"天下第一碗"，还是叫"天下一碗"？他主张叫"天下一碗"，理由是："'天下'是天下人的天下，'一碗'是天下人的一碗。片名以中华民族的'和'文化为主题，从本质上来说，把中华民族的精神融入到了一碗米线中，也通过这碗米线反映了民族文化的主体。如果叫'天下第一碗'，反而小气得多，狭隘得多。"国内各行各业都喜欢争各式各样的"天下第一"，居然有人不争，"唯其不争，天下莫能与之争"，这就很有范儿了。

那以后，每当我看到"大腕"这个词，就会自然而然地想起那些青花白瓷大碗。"腕"与"碗"，字形相似，字音相谐，其间的关联何在？

"大腕"一词最初的源头也许是"蔓儿"和"万儿"。在江湖上行走，袍哥必须绕着弯子自报家门，比如姓张的叫"弓长万"，姓刘的叫"文刀万"。"报个万儿"即报个姓名的意思，在旧小说中，这样的套路屡见不鲜。"扬名立万"就是扬名立姓的意思。由"万儿"到"腕儿"，再到"大腕"，肯定有一个演变的过程。清朝末年，洋人在上海建厂，称工头为"大拿"，"拿"是英文"拿摩温"（NUMBERONE）的简称，恰巧英语的"ONE"与中文的"万"谐音。那时的工头跟牢头狱霸差不多，通常要混帮会才能立足，久而久之，"大拿"变成了"大万"，"大万"则变成了更为形象的"大腕"。此后，"大腕"这个词渐渐溢出帮会用语的范围，成为了民间的常用词，特指社会上那些名头响亮、财力雄厚、地位显赫的牛人。

江湖豪杰最向往的生活方式无疑是"大块吃肉，大碗筛酒"。但凡接触过《水浒传》的读者，多半会羡慕梁山泊好汉的这股爽利劲，中国老百姓挨饥饿受欺压的记忆早已嵌入遗传基因，若能按此"八字方针"度日，就仿佛置身于天堂。然而在梁山泊这个乌托邦，也不可能人人都在酒池肉林中过快活日子，"大块吃肉，大碗筛酒"更像是玩概念，真正能够心想事成的只是一百单八将那样的大腕，小喽罗们仍然达不到这么高规格的伙食标准。

1915 年 9 月初，北京大学代理校长胡仁源致完简短的开幕词，余下的时间就被疯子教授辜鸿铭牢牢地攥在手中，他尽兴地詈骂当时的北洋政府，抨击社会上的丑恶现象。他说，现在做官的人，都是为了保持他们的饭碗。他们的饭碗可跟咱们的饭碗不一样，他们的饭碗很大，里边可以装汽车，装洋房，装姨太太。

辜鸿铭愤世嫉俗，故而啧有烦言。大腕们的大碗肯定要比那些装山西刀削面和云南过桥米线的大碗大得多，不少人看到这类金边的"大碗"里面装满了荣华富贵，就会即刻失去内心的平衡。其实大可不必。"夜眠六尺，日食三餐"，只要你不冷不饿，幸福感就终须到"碗"外去寻，老百姓如此，大腕们也如此。"大碗"里装的好处越多，感受的烦恼、焦虑、恐惧也越多，幸福指数就很可能高开低走，这才是不欺妇孺的实情。

一个人的心境必得比碗口更大，幸福才会不择时而现，快乐才会不择地而涌。我的这点体会也许太粗浅了，那就算是野人献曝吧。

中年与中秋

青年时期，节日就像亲人善意的提醒："别忙了，你得寻块宝地好好休息；别闷了，你得出趟远门找些乐子。"中年时期，节日就像仇人恶意的嘲谑："能吃的话你就多吃点儿，能睡的话你就多睡会儿。不用愁，已白了少年头。再用功，也未必行得通。"这是我的一番切身感受，你可能并不认同，那就很好，说明你的状况比较乐观，可喜可贺！

几年前，在某个网络论坛中，曾有人发起过一场富有启发意义的讨论："中国到底还缺少哪些重要的礼仪和节日？"答案五花八门，千奇百怪，令我印象最深的是："中国缺少成人礼和狂欢节。"第一个理由很简单，中国古代早就具备现成的男子加冠礼和女子及笄礼，长者祝福，亲友欢聚，借此人生大礼（其隆重不亚于西方的宗教洗礼），少男少女对成长的认识得以加深，对未来的愿景得以巩固。古代的成人礼遭到废弃，确实很不明智，将它升级为 2.0 版（东方版），甚至 3.0 版（西方版），大有必要。第二个理由很透彻，中国人的性格普遍内敛，具有拧开气阀的渴求，但缺乏点燃激情的冲动，这可能限制了整个民族蓬勃的生命力和旺盛的创造力，因此应该增加一个全民狂欢节，让老百姓用自己喜欢的方式和形式乐个够。你可能会说，恢复成人礼应该问题不大，但出于各个方面（尤其是安全方面）的慎重考虑，增加狂欢节有点不靠谱。那就作罢，反正那场隔空讨论早已不了了之。

如果你容许我提点个人想法，我倒是主张增设一个于各方无碍的中年节。国内有儿童节，有青年节，有老人节（重阳节），唯独缺少一个中年节。你不是中年人，就不知道中年人的难处和苦处：他们的负担最重，上有老，下有小，家庭支柱和社会贤达的多重角色并不好当；他们的体质较差，遭到各种疾病的围剿，不少人必须做大修和大保养；他们的现状堪忧，一部分人还是欠贷欠债的"负翁"，另一部分人则在事业成功的临界线附近显得动力不足，有熄火的危险；他们的心态不稳，杞人忧天的危机感挥之不散，国内国际的风声鹤唳都容易使他们草木皆兵。如果能增设一个中年节，让他们在每年的这一天歇下来冷静地自观自省，重整方案，精调方向，虽说不惑的境界未必就能借此一蹴而就，但少一惑就多一乐，于身心都有百益而无一害。

　　犹如野人献曝，我把增设中年节的主意跟一位好友交流，他笑道："我要是有这个权力，一定马上批准。可是连这种事情究竟该找什么部门递交建议，我都把不准。我估计，若没有高官显贵巨贾名流合力推动此事，你这个动议就只是静物。何不参考重阳节与老人节联体合身的先例，提出一个相对可行的替代方案？我主张将中年节挂靠中秋节。你想想看，从时令上来判断，秋天就相当于人生的中年，同样是收获季节，同样是由绚烂走向平淡，从纷繁走向简洁，从动荡走向静美，互相对应和彼此契合的方面很多，若将中年节与中秋节联体合身，可谓无缝对接，相比老人节和重阳节的高度吻合，一点也不逊色。还有更关键的一点，就算官方不加认证和认定，只要你私心许可，就可以把中秋节当作中年节，好好生生地过上一回。赏月的时候你也许更能静下心来，整理记忆的碎片，修复思想的磁盘，或与亲友把酒言欢，分享天伦和人伦之乐。我这个意见并不成熟，老兄觉得如何？"

　　这就是我欣赏和认同的方案，比这更加可用可行的点子我也想不出了。中国人非常看重中秋节，它的份量仅次于大年三十。细想想，"年怕中秋，月怕过半"，是很有道理的，正因为怕，所以在乎，要设法阖家团圆。从相关的古诗词来看，它在古人心目中的地位甚至超过了除夕，用它来做中年节，各方面都是无可挑剔的最佳选择。我对好友说："这个主意应该会得到中年人的广泛认同和普遍响应，中年人无节日的尴尬现状从此可以休矣！"

　　说归说，笑归笑，好点子烂在田间地头的事儿每天都在反复发生，为此我决定写下这篇文章，与读者共享，就算是野人献曝吧，也没什么可羞愧的。

　　许多人都需要一个中年节。我预感到，今年农历八月十五，一定会有些不同寻常。

一个人和一座城

　　1992 年 5 月 10 日，沈从文先生的骨灰移葬于故土，场面冷冷清清，湖南本地的报纸竟然只是浑不在意地发出数十个字的消息。当时，就有人愤愤不平地说："这是文学的悲哀，这是文学家的悲哀！"其实，沈先生心性澹泊澄静，何需官方的哀荣加身？他悄悄地回乡，正如当初他悄悄地离乡，只能用一个"好"字来形容。

　　沈先生的骨灰安葬在遥隔凤凰古城一里半的听涛山上。周匝群峰耸翠，前方一水东流，这是一块静息和长眠的风水宝地。数年前的某一天，我翼翼然拾级而上，看见一块未经打磨的大石头植于道旁，若不是凿凿无欺的铭文所示，我简直不敢相信眼前这块近乎粗糙的麻石就是沈从文先生的墓碑。清简、质朴、浑厚，这原是沈先生为人和为文的特点，在墓碑上再次得以充分体现，可见其人一以贯之的作风。奥地利文学家斯蒂芬·茨威格旅俄期间曾拜谒过列夫·托尔斯泰的墓地，那是一方僻处桦树林中、别无修饰的长方形土堆，"无人守护，无人管理，只有几株大树庇佑"，最伟大的生命原是如此沉静地归于泥土。事后，茨威格写了一篇饱含深情和敬意的纪念文章《世间最美的坟墓》，对朴素墓地下长眠的同样朴素的灵魂，作出了由衷的赞美。我站在沈先生的墓前，内心也满怀着铮铮然弦响未绝的感动。

　　墓石的正面镌刻着沈从文的十六字真言："照我思索，能理解'我'；照我思索，可认识'人'。"一位心怀万有的大师，骨子里又岂能缺少这份引领众生昂然上路的自信！沈先生追寻美惠三女神的衣香鬓影，苦苦追寻了一生，笔管中满满地灌注着不衰不死的热爱。墓石的背面是沈先生的姨妹张充和女士所写的诔词，语意简明扼要："不折不从，亦慈亦让；星斗其文，赤子其人。"这十六字的诔词巧妙地使用了嵌字法，嵌的是尾字，细看来，便是"从文让人"，精当而中肯。1996年，黄永玉为沈从文陵园补立了一块石碑，题词为："一个士兵，要不战死沙场，便是回到故乡。"沈先生曾自称为"小兵"，良知是他的统帅，真善美是他的武库，文坛是他的战场，他在长达五十余年看不见硝烟的持久战中，良知不曾被俘虏，假恶丑的火力也无法将他的姓名抹去，尽管他有过偃旗息鼓，有过意志消沉，但他没有像许多同时代人那样奴颜媚骨，缴械投降，也没有轰然倒下，腐烂在污泥浊水之中，万劫而不复。他坚挺地活过来了，最终，一缕仙魂回到了故乡。

　　如今，沱江仍是一口好水，一口活水，江边仍有在别处难得一闻的捣衣声和深情的歌谣。但沈先生笔下的寂寞小城已经华丽转身，升格为"中国最值得去的九个目的地"之一，有人戏称凤凰是"小资的第二天堂"（"第一天堂"是丽江）和"艳遇之都"（与丽江分享这一荣誉）。这就让凤凰变得格外洋气，甚至有点孔雀开屏的意味了。

　　凤凰白天也很安静，夜晚的热闹多半是外地游客鼓噪所致，与本地人没有太多的相干，他们只是做些本分的小生意，卖花，卖衣服，卖果酒，卖食物，酒吧的老板绝大多数是外地人，本地人还干不来。旅店和饭馆的价格也不像周庄和丽江那样昂贵。总之，目前凤凰还没有使那些喜欢沈从文先生的游客反感和失望。

六月下旬，雨季还在展延它的归期，沱江喧响奔流，旅店商铺望衡对宇，沿江排开，灯火璀璨，彻夜不熄。有人说，"凤凰的夜景美不胜收"，这句赞词大抵是不错的。当然，也有人说，"凤凰太商业化了"。今时今日，"商业化"是一个暧昧不明的词语，什么东西都能与它扯上瓜葛。"经济搭台，旅游唱戏"，这是官方决策的形象化说法，"商业化"能带来滚滚财源，这样的"硬道理"并不深奥，但任何硬件都必须寻求与之匹配的软件支持才行。

商业化的浪潮席卷天下，是个公认的"狠角色"，这一点谁也无法否认。然而游客从大老远跑来凤凰的理由肯定不只是单纯地欣赏午夜灯火，聆听酒吧喧哗，或在虹桥上品尝一杯价格不菲的古丈毛尖。凤凰古城能有今日，我个人认为，在商业亮色之下另有鲜明的文化底色，风景的贡献远不如人文那么大，其中最突出的贡献者首推文学家沈从文，其次才是画家黄永玉、北洋政府总理熊希龄和"湘西王"陈渠珍。尽管熊希龄的官职曾大到一人（袁世凯）之下，四亿五千万人之上，张恨水创作长篇小说《金粉世家》，"溶合近代无数朱门状况，而为之缩写一照"，熊希龄的影子也在其中若隐若现，但他的身后价值低于生前价值，这是许多官员的共同命运。

年轻人喜欢远游，心理期待推动他们，经济条件成全他们，这都是好事情。小说《边城》里的翠翠太美了，太纯了，太甜了，就像凤凰山中的野樱桃，后来者还能不能寻觅到她的芳踪倩影？

这是一个谜团，一层梦境，格外神秘，格外诱人，沈先生无疑是制谜和造梦的域内高手，他安息在听涛山，已经多年不再涉足江湖，但江湖上仍有他的传说。凤凰是受益者，游客也是受益者，真正做到多赢才叫好啊！

沈从文的作品使凤凰声名远播，谁与他争功都毫无胜机。时间尚且不能击败的对手，商业化又能奈他何？商业化永远只能做加法，再加一些灯光，再加一些桥梁，再加一些雕塑，再加一些酒吧，再加一些宾馆和商铺，文化则能做乘法，甚至做乘方，它具有穿透时空的力量，它是袭人的花香，近处和远处的蜜蜂将络绎而至。从这个意义上讲，凤凰自有胜过丽江的余力和后劲，它天生就不想做什么"第二天堂"，如果真要立路标，始于沉思、基于热爱的文化才是大众心灵中不可替代的息壤。

第四辑：所见即所得

我们是穿梭在时空之中的过客，来过，见过，经历过，收获过，失落过，最终离去。时间无始无终，我们的旅程绝不会如此短暂。在另一个时空向度，我们还会卷土重来。人类相信永恒，在时间的怀抱里，我们绝不会像夏日的一片薄冰那样轻易融化掉。

三种人生

谁都拥有三种人生：其一是自己所期望的人生，其二是自己所经历的人生，其三是自己所认识的人生。理想的状态是：三种人生并驾齐驱，互不抵触。倘若它们各自为政，一场悲剧就会板上钉钉。秦朝宰相李斯是典型的例子，他的人生轨迹呈现为异常醒目的抛物线，既有腾云驾雾，也有粉身碎骨。他实现了期望，经历了梦幻，但卑下的认识限定了他的高度，误导了他的选择，这种致命的背离具有终极杀伤力。

李斯早年的期望，说白了，就是高官厚禄，富贵荣华。你将它视为春梦也好，当成臆症也罢，总之他的动力源泉非此莫属。李斯的期望并非建立在流沙之上，他具有超凡的实力，文韬武略，样样齐全。中年之后，李斯的期望日益爆棚，辅佐嬴政缔造固若金汤的大秦帝国，成为千古贤相，他已无限逼近这个目标，可是功败垂成。

李斯的发迹过程相当传奇。这位楚国上蔡的布衣，早年师从大儒荀况，学问功底扎实。他不甘心沉沦下僚，在楚国做个刀笔吏，于是效仿前辈张仪前往秦国寻梦。李斯先是博取了丞相吕不韦的赏识，然后又赢得秦王嬴政的信任。三十余年，他修明政教，网罗人才，协助嬴政削平六国，统一天下，若论功劳，在大秦帝国的文臣中绝对首屈一指。然而沙丘密谋使其人生触礁抛锚，彻底失控。李斯跟胡亥、赵高结盟，是其一生中最大的败笔。胡亥愚妄，赵高险恶，李斯周旋其间，步步惊魂。赵高指鹿为马，李斯却袖手旁观，听之任之。等到赵高羽翼已丰，根基已固，他这才预感到大势不妙，再去与赵高掰腕子，已然智穷力绌，完全落在下风。有时候，保全富贵远比追求富贵更加艰难。一旦天下大乱，胡亥和赵高诿过于人，归咎于丞相失职，甚至诬陷李斯之子李由纵匪过境。至此，这位昔日威风八面的帝国大臣，已无半条活路可寻。若套用当今股市术语，李斯无疑是一只超级"黑天鹅"，他的人生经历可用十二个字来准确描述：低开高走，大热倒灶，尾市崩盘。他玩弄权术和阴谋，害死师兄韩非，害死皇子扶苏，害死大将蒙恬、蒙毅兄弟，与魔鬼结盟，与豺狼共舞，最终付出异常高昂的代价。

李斯所认识的人生直接阐释了悲剧三部曲：年轻时，李斯是楚国的刀笔小吏，毫不起眼，有闲暇，也有闲心，就去观察厕所里的鼠辈，它们瘦骨伶仃，怯头怯脑，每天吃些秽臭不堪的食物，却担惊受吓。嗣后，他再去仓廪转悠，却发现那儿的硕鼠饱吃好粮好粟，个个大腹便便，竟然高枕无忧。李斯善于思考和总结，由鼠及人，不禁感慨系之："无分贤良与陋劣，人类跟鼠辈并无不同，关键就在于自己处于何种环境和位置！"这是其认识的初步，也是关键的一步。及至李斯当上丞相，长子李由出任三川郡守，其他儿子成了驸马爷，女儿也一一嫁为皇子妃。他的身价和地位自然是一人之下、数千万人之上。长子李由回京，老爹李斯设宴，百官前来道贺，宝马香车络绎不绝，填满街衢。此时，李斯已看到盛极而衰的征兆。他感叹道："我曾聆听恩师荀卿讲过'物禁大盛'的道理。我原本只是楚国上蔡的平民，皇上不嫌弃我愚钝，将我提拔到眼下满朝文武无人能及的地位，可谓富贵到了巅峰。物极必反，盈满则亏，可我还没有找到歇脚息肩的地方！"李斯能讲这番话，就说明他是个明白人。但他迷恋权势，患得患失，又很难说他是一个真正通透的明白人。等到法吏将李斯押赴刑场，大难临头，他才对儿子李由说："我想与你牵着黄狗，跨出上蔡东门，一同追逐狡兔，过自由自在的生活，还怎么可能呢？"拍马来迟的觉悟已经无济于事。

三种人生，就这样相互交织，彼此作用。所期望的人生犹如蓝图和梦境，想得美固然不费多少工夫，但要将它定形显影，绝非一件容易的事情。所经历的人生则在很大程度上不由自主，时势、环境、遭遇和个人选择是否匹配，是否吻合，将决定生死成败。所认识的人生尤为关键，有怎样的认识，就会有怎样的行动，有怎样的行动，就会有怎样的结局。我们必须承认，李斯老早就拥有了觉悟，但他的觉悟只是鼠辈的觉悟，死到临头，才仓促返回人类思维的原点，这就不妙了。

年关畅想

时光飞掣如电，过隙的白驹还是没有给我们留下清晰可辨的踪影。

有人说，时光总能扬弃秕糠，筛落琐屑的烦恼，保留完整的希望。也有人说，时光苒苒，适足以激发投机者的赌性，往希望的老虎机中喂光手头有限的角子。我既没有前者那么乐观，也没有后者这么悲观。希望绝不是静止的存在，不是过年礼，不是压岁钱，当然也不会是翩若惊鸿的幻觉和飘瞥难寻的魅影，它是你我自己的创造物，为而必有，行而必至，从来就不会使人空等戈多。它的来路也许坎坷崎岖，迂回遥远，但你努力时，它就靠近，你懈怠时，它就走远，你不信邪时，它就投诚，你认命时，它就转身。

鲁迅曾说："世界上本来没有路，走的人多了，也就成了路。"但这个定调之后另有变调，一位网友调侃道："世界上本来有路，拥堵的车多了，也就没了路。"还有一位网友调侃道："世界上本来有路，设的卡多了，也就短了路。"你我都明白：有些路，是必须借道行驶的；有些路，是必须挥汗开辟的；有些路，是应该赶紧废弃的；有些路，则在构想之中、蓝图之上，不可急于求成，因为欲速则不达。在高速公路上行车，错过了出口，并不可怕，前面还有机会，真正可忧的是你已南辕北辙，却仍然沾沾自喜。

　　全年之中，还有比年末岁尾更值得你我沉思反省的日子吗？你我不要只知道置办年货，燃放鞭炮，包饺子，走亲戚，收发压岁钱，还要给自己一个独处静思的机会，将一年来的成败得失从头爬梳一番，将一年来的可喜可忧可明可白可敬可佩可惭可愧重新剔抉一遍。浑浑噩噩是你我的宿仇，庸庸碌碌是你我的劲敌，泄泄沓沓是你我的损友，糊糊涂涂是你我的恶邻，畏畏缩缩是你我的软肋，惶惶惑惑是你我的病根，患得患失是你我的"阿喀琉斯之踵"。明白了这一点，你我才能知所自律，知所自省，知所自治，知所自新，务求更清明，更睿智，更勤勉，更勇毅，在"挫折的学堂"里面你我不再留级，在"成功的母亲"身后你我必须成人。

　　"苟日新，日日新，又日新"，这是三千多年前商代青铜器上镂刻的铭文。现代人要经常更新自己的知识，刷新自己的精神，翻新自己的观念，洗新自己的灵魂。孟子说："无恻隐之心，非人也；无羞恶之心，非人也；无辞让之心，非人也；无是非之心，非人也！"人之有异于禽兽在此，人之有别于草木亦在此，时间教会你我对价值、意义、情感、原则、法律、底线如何去认知，去判断，去选择，去坚守，去捍卫，五音不迷耳，七彩不眩睛，八风不转向，百感不乱心，岁月让许多人仓促出局，而你我仍在竞技场上奋勇驰骋，这是幸运，也是幸福。做一个有同情心的好人，做一个有创造力的公民，你我深知自己的义务和责任，也明白时间不会安心等人，更不会故意饶人。

于是我闻，"子在川上曰：逝者如斯夫"。只要时光的河床永在，岁月如同百川归海就并不可怕，也并不可悲，可怕可悲的是你我被它裹挟而行，一心无主，一事无成，在漂泊的途中丧失了信仰、激情、想象力和朝着美好世界挺进的强烈愿望。

于是我闻，"千门万户瞳瞳日，总把新桃换旧符"。中国民间的辟邪风俗提醒你我，真要有神荼玉垒把守大门才能安心。在危机四伏的大地上，平安是宝贵的，祥和是重要的，祈福者不可害人，趋利者不可损人，取信者不可骗人，执法者不可欺人。平安的代价也许很高昂，但你我绝对不会吝于付出。

于是我闻，"灵魂在宇宙中永生不灭"。这是全人类最大的利好，也是最强的福音。你我可以告慰先贤，他们从未离去，而是跟你我血脉相连，呼吸与共，他们把信仰和知识留给了我们，把经验和教训留给了我们，把薪火和航灯留给了我们，你我的这点记性和长进都是他们无私的让度和赠予。

年关是一道不叩自开的雄关，在关口那边，日子依序伫立，列队迎候，谁也没有见过这些面目全新的分分秒秒。时光是你我的"合伙人"，经营与爱、善、美相关的一切，只要用足真心，使够本力，激活大智，抖擞神勇，你我就能在下一道雄关再次会合，握手欢叙，举杯畅饮。

采桂花

仲秋时节，满城香雾弥漫，这全是桂花的功劳。

夏莲香远而益清，秋桂香远而益浓，欲醉人，还真能使人微醺，难怪桂花酒被古代的高阳酒徒视为杯中恋物。

我居住的邻湖小区绿树成荫，园内种植了不少玉兰树和桂花树，有了它们，春秋往复，直如食坊里拥有合适的香料，色与味相得益彰。园中的桂树枝繁叶茂，品种齐全，举凡金桂、银桂、月桂、丹桂，应有尽有。借由湖风的加急快递，桂花的芳馨渗透了附近的每一个角落，就好比一大群林泽仙子结伴而来，衣香鬓影若隐若现，既由不得我峻拒和远避，也由不得我欲拒还迎，欲避还见，她们径直登堂入室，在我的襟袖上和呼吸中，留下香痕。

花香无敌，她不用刻意示好，就能令人欣然且怡然地接纳，卸下孩子们的全副警觉更是易如反掌。这一点在我女儿伊美身上表现得尤为充分，就算是轻微的花粉过敏症也拦不住她对花香的迷恋。长假有了闲暇，她就上网搜索各类桂花的图片、药用价值、食用方法和古人咏桂的诗词歌赋，分别下载，然后整理成篇，拿来给我参考，可见她下足了扎实的工夫。她催促我看完全部资料，然后提出一个不算过分而且相当合理的要求：

"老爸，你看外面，阳光这么好，桂花这么香，我们应该尽快行动！"

透过飘窗，我看到小区的院子里确实有几个大人和小孩正在采撷桂花，时不时还能听到他们的欢声笑语，别说伊美按捺不住急性子，我的好奇心也被挠着了痒处。心动不如行动，我立刻关掉电脑，给爱犬乖乖系好三角牵绳。转眼工夫，伊美已腾空一只专盛缅甸红茶的松木盒，颜色黄里透红，用它装桂花堪称绝配。

桂花已开放数日，低处的花簇屡经采摘，所剩无几，我们踮起脚尖，攀住头顶的枝条，虽有所获，久而久之，手脚不免酸胀。由于花瓣比粟粒更细小，贪心难免受到挫折，但摇树和伤枝的活儿我们是不干的。

伊美具有音乐天赋，钢琴已过六级，以往她总说要练习作曲，却迟迟不见作品出炉，这次可巧，她有了创作激情，说是要写一首题为《采桂花》的短歌。

"老爸，你只管做你的，我要构思歌曲。"她那聪明的小脑袋要发光了。

毫无先兆，一位词作者、曲作者即将横空出世。伊美牵着乖乖在迂回曲折的花径上反复转圈，偶尔跟采撷桂花的大人、小孩交谈几句。过了半个多小时，也没见她打成半句腹稿，额头上倒是沁出了细细密密的汗珠。

在一颗高高的金桂树下，我伫立良久，够得着枝叶，却够不着花簇，急得抓耳挠腮，比小六龄童饰演的孙悟空更像孙悟空。伊美看着看着就乐了，灵感像蜜蜂飞入花丛。她开始念念有词，莫非要念我的紧箍咒？不是，不是，她是在打草稿，我暂且不去惊动她，连懵懂的乖乖也停下脚步，不声不响地站在原地，歪斜着脑瓜，出神地瞅着伊美。大约过了一刻钟，伊美牵着乖乖跑过来，一副成竹在胸的样子，很显然，词和曲都已经成为她的囊中之物。

"老爸，你想不想听我的新歌《采桂花》？"

"好啊，这种千载难逢的机会摆在眼前，我哪能白白错过！"

"那你听好了！"

伊美右脚立地，左脚点地，身体微微后倾，摆出一个 Pose，握紧右拳，拳眼向上，权当它是话筒。曲调是童谣味，歌词很短，只有几句，比我预想的要有趣得多：

> 我不是姚明，这真的很要命。
>
> 最美的桂花，全开放在树顶。
>
> 我羡慕清风，携带花香去旅行。
>
> 我羡慕蜜蜂，飞上花枝变主人。

伊美唱完一遍，再复唱一遍，曲调欢快而俏皮，我催促她赶紧回家去记谱，她说，你用手机录下音，不就行了吗？还是她更机灵。

古有《采莲曲》，不知作者是谁，最终定性为民歌。只要歌声好听，歌词有趣，又何必管作者是谁。这首《采桂花》就有些不同了，尽管稚气十足，但它是伊美十岁时的试作，我没有揠苗助长，因此乐观其成。

桂花的芬芳是大自然的福利，我们照单全收了，说声谢谢，反而显得矫情。我不禁想到眼下的小学语文教育，若能按照这个思路与大自然达成亲密无间的联系，那就再好不过了，香风习习的花径远远胜过鸦雀无声的课堂，他们写几十篇干巴巴的作文，也不如独自谱写一首短歌。

四种活法

给女儿的奖品

很多年来，我对狗一直爱恨参半，甚至恨多于爱。童年、少年时期，我家那条"好汉"固然陪我度过了长长一段孤寂的时光，形影不离，相依为命，但邻村的两头恶犬曾在新稻初登的田头将我撕咬得遍体鳞伤，昏迷整整三天三夜，从头到脚留下十多道伤疤，至今仍提醒我那场横祸的真实存在。

亲身遭遇很容易影响个人判断，我对狗的好感就理所当然地停摆了。我曾写过一篇杂文《宠物也疯狂》，对那些豢养宠物的主人不加区分地冷嘲热讽了一番。这种过激反应乃是往昔的恨意在开枝散叶。

五年前，女儿伊美就缠着我要买一条泰迪犬。我说："养狗太麻烦了，搞卫生不容易，必须办户口，打各种疫苗，提防它咬伤自己或是咬伤别人，还要定期给它洗澡，每天带它出门遛达，谁有那么多时间和精力去照顾它？"伊美就一再保证，她愿意负责照顾狗狗的衣食住行。她年纪还小，这一点不可能做到。我以各种理由拒绝了女儿一千次，她却一直不肯罢休，反复提出自己的诉求，甚至对我大声喊话："家里养条狗才更像家！"

我对应试教育缺乏好感，但在目前不容乐观的教育生态下，能够考核小孩子做事态度的指标，除了分数还是分数，这真的令家长很无奈。读书以来，伊美的语文、数学成绩一直稳定在九十五分左右，但由于马虎大意，她的单门功课很少能够打满分。有一天，我在饭桌上批评她做事粗枝大叶，只求完工，不求完美。

　　她当即顶嘴道："就算门门功课我都打 100 分，你也不会给个奖励，叫我怎么追求完美！"要奖品？这好办。精神激励加物质奖励，没问题。我决定悬赏。她顿时兴奋起来，先拧紧"螺丝"："爸爸，你说话算不算数？"我回答她："绝对算数。"她意犹未尽，再紧上一扳手："爸爸，你要是反悔，在我心目中就会威信扫地！"然后，她报出奖品单来："要是我期末考试门门功课都打 100 分，你要给我买一条泰迪！"这下就轮到我语塞了，我怎么就没想到她会提出这个相当合理的"无理要求"呢？既然有言在先，我就得恪守承诺。那天，她特别高兴，把家常便饭当成满汉全席来吃。

　　你别说，小孩子学习有动力与没动力就是大不同。此后两个月，伊美做功课，精气神更足了，昔日写字，西丢一点，东少一捺，乘号写得像加号，现在全都整了容。期末考试前，她再次跟我拉勾，我故作轻松地调侃道："伊美，你的成绩是未知数，我的奖品是已知数，就看你有没有这个本事拿走它！"公布成绩那天，我出差在外，下午收到伊美发来的短信："爸爸，你输了，我赢了！"一个多小时后，我就收到了意料之中的彩信，一条棕色小泰迪的倩影跃然于手机屏上，伊美告诉我，狗狗的名字她已经取好了，叫"乖乖"。

　　回家后，我才知道，伊美的成绩并非门门得到满分，英语和数学 100，语文只有 98。她妈妈说："伊美的进步有目共睹，我们就不要吹毛求疵了。"憨头憨脑的棕色泰迪摇晃小尾巴，我见犹怜，那点不满意顿时烟消云散。

　　乖乖成了家里的编外成员，伊美分工如下：她是乖乖的玩伴，妈妈是乖乖的美容师，外婆是乖乖的营养师，爸爸是乖乖的训练师，各司其职。她们的任务一目了然，我的任务还得费点笔墨说明：教会乖乖上厕所，早晚带它出门遛圈。说来容易，做来难，花了两个月时间，我才教会乖乖到厕所便便，至于遛圈，倒是与我的健身计划实现了无缝对接，早晨我散步、打太极拳，乖乖陪我，晚饭后，我去公园散步，乖乖随行，起初还要牵着，后来它听从我的指挥，已能进退自如。相处的时间久了，彼此的感情日益加深，我读书、写作时，乖乖若睡觉，总是选择离我最近的地方，时不时抬头望我两眼，那清亮活泼的眼神使我文思泉涌。

一位爱犬如子的同行曾对我说："看到狗，你就能看到儿童的天真和老友的忠实，更能感受到家庭的温暖。"这话没错。乖乖给家里添了乱，也添了欢喜，这枚开心果使我们的生活质量大为提高。

我万万没料到，一位编外家庭成员只用半年时间就彻底俘获了我的爱心，别说出差数日，就是出门数小时，也会挂念它。这回轮到伊美来调侃我了："老爸，要是你五年前送我泰迪，那你早就收获了一大堆快乐！"尽管我认同她的说法，但不肯当场服输，于是急中生智地反问道："要是我没有先见之明，乖乖不就跟你无缘了吗？"伊美当然明白事理，乖乖似懂非懂，竟然也在一旁不停地摇尾巴。

幸福的家庭该是什么样子？一千个人也许就会有一千个答案。我的理解是：编内成员与编外成员和谐相处，其乐融融，就差不离了。

山中散记

中国社会既是一个泛人情化的社会，又是一个泛政治化的社会。泛人情化，金钱居间运作，难免虚伪。泛政治化，时时处处都有瓜田李下之嫌，难免纠结。数年前，我去"夏都"庐山参加文学笔会，这种感触随处而生。文化呢？往往依违于二者之间，不说它面目可憎，至少面目可疑。

庐山上共有数百幢别墅，若论名气，美庐排行第一。它原本是英国巴瑞女士赠给宋美龄的礼物，房子的外观就算养眼，也只够养养老花眼，倒是周边气象不差。在堪舆学方面，蒋介石有点三脚猫的功夫，他确认此处是蛟龙出水的宝地，不过他万万没想到，青龙一出水，赤龙便入潭。宋太祖那句"卧榻之侧岂容他人鼾睡"的话，在此简直就是不折不扣的讽刺。室内的陈设一半是蒋式风格，一半是毛氏风格，给人印象最深的是，抽水马桶旁另掘蹲坑。蒋介石仓皇辞庙日，连孙中山亲笔书写的条幅"世界大同"都无心顾及，单凭这一点，其败退台湾就并非偶然。美庐保留了两幅宋美龄的风景油画，颇具水准，江青肯定看过不止一遍，心里究竟是泛酸，还是泛甜？这就横竖得看她如何自我定位了。历史老人确实是幽默的，"彼可取而代也"的台词在美庐讲出，丝毫不逊色于叱咤风云的效果。改朝换代又如何？皮鞋且莫笑草鞋，草鞋还能效皮鞋。

于是，"看山还是山，看水还是水"，这禅家第三境就真能把聪明人彻底绕糊涂。

四种活法

　　游三叠泉，我顺势一路下行，全程十余里，险绝处，只见脚底岚气氤氲，人如在云中漫步。泉瀑跌宕于山崖涧壑，轰然作响，激起水风透骨清凉。范仲淹游庐山，创作了一首《瀑布诗》，开头四句甚妙："迥与众流异，发源高更孤。下山犹直在，到海得清无？"最好的注解当然是"在山泉水清，出山泉水浊"，正直和纯净只存在于当下一刻，已经难得，不宜苛求。

　　在庐山植物园，植物学家胡先骕和秦仁昌的墓庐可作人文景观来看，他们的事迹饶有趣味。某年某月某日，宋美龄看中了植物园里一棵银杏树，想把它移植到美庐前，接连找园主秦仁昌讨要过两回，都被老夫子硬生生地顶了回去，毫无通融的余地，而且他撂下狠话："只要我秦某在，这棵树，就算天王老子下凡，也不能移！"国母的面子被驳，蒋委员长的求情居然也毫不管用。宋美龄只好调虎离山，明里请秦仁昌赴宴，暗中则派人将银杏树挖走。秦仁昌爱树如子，回头发现那棵银杏树杳如黄鹤，不免气得捶胸顿足，骂天咒地。宋美龄身上多少还有一点暖色调的人情味，她只是用计，不曾行蛮。

　　晚间翻书，无意间我撞见王阳明的那句名言——"破山中贼易，破心中贼难"。这句话是他在镇压江西桶岗土匪后说的。他曾隐居庐山，读书授徒做学问。如何剿灭心中之"贼"（佛家所指的贪、嗔、痴，儒家所指的乡愿和人欲）？这是一道世界性难题。王阳明的心学特别强调"致良知"，良知即为"天理"和"造化的精灵"，身、心、意、知、物环环相扣，任何一环稍有闪失就可能掉链子。何况心中之"贼"未必是真贼，世间贼喊捉贼的大有人在。

在白鹿洞书院，我购买了一本小册子，其中有"朱子白鹿洞教条"，值得抄录："父子有亲，君臣有义，夫妇有别，长幼有序，朋友有信。右五教之目。……其所以学之序，亦有五焉，具列于左：博学之，审问之，慎思之，明辨之，笃行之。右为学之序。学、问、思、辨四者，所以穷理也。若夫笃行之事，则自修身以至处事接物，亦各有要。具列于左：言忠信，行笃敬，惩忿窒欲，迁善改过。右修身之要。正其谊，不谋其利；明其道，不计其功。右处事之要。己所不欲，勿施于人；行有不得，反求诸己。右接物之要。"

中国古代的学者，但凡道德学问与朱熹不相上下的，包括稍逊于朱熹的，甚至远不如朱熹的，莫不患有共同的心疾，那就是"圣贤狂想症"。他们总以为凭着从书本到书本的"道德学问"和一整套修身处世接物待人的功夫，就够资格死后到文庙去啃食冷猪头肉了。殊不知，其中的"君臣有义"往往只是一厢情愿，"惩忿窒欲"则会将人变成木头。唯有尊重人性，讲求人道，疏导人欲，才能减少人间悲剧。否则，圣贤金灿灿的教条终归还是冷冰冰的，普遍的苟且和作伪一仍其旧，仁义礼智信的标榜虽高，无奈知行无法合一。于是乎，假模假式的"圣贤"被历史一而再，再而三地退货，甚至清仓，王朝却照旧翻版，甚至一蟹不如一蟹，真是惨不忍睹。

雨夜的福分

人到中年，某些曾经醇于酒的兴趣、酽于茶的爱好就自然而然地缩水了。比如说,我仍会在深夜起床观看欧洲冠军杯和世界杯足球赛,场次却逐年逐届递减,"铁杆球迷"的身份也不复在人前重点强调。又比如说,我仍会去熟悉的京沪网店搜寻欧美原版新碟,选择面却日益狭窄,"音乐发烧友"的特区已很难再觅获我的仙踪。近年,我不断收束爱好的范围,唯独淘书的热乎劲有增无减,说是长乐未央也没错。由于上游资源日渐枯竭,城里几家正宗的旧书店早已风光不再(孔夫子旧书网上的某些图书已贵得离谱),特价书店便取而代之,顶好的名社正版书居然以三折、四折的价格出售,对此我岂能冷眼旁观,空手而归?如今,网络喧嚣,微信热闹,仍然能够静下心来饱读纸书的国人已是"沉默的一小撮"。我就是这一小撮中的一个。

某日傍晚,淘友从家中打来电话,入耳就是佳音:青山特价书店新到了一大批京、冀正版书,贺老板照例在第一时间给他发了短信。淘友问我:"这批书刚刚运到店里,正在拆包,我们要不要立马去扫货?"我当机立断,回答他:"先下手为强,后下手拾荒。进店淘书可不像开车上路,绝对礼让不得!"

家里的餐桌上摆满了美味佳肴,我却魂不守舍,心不在焉,随便扒拉了几口米饭,就背起那个容量绝对不可低估的帆布包,顶着毛毛细雨,骑车前往青山特价书店。淘友比我更猴急,但凡淘书这类事情,他向来是兵贵神速,唯恐落后于人。

贺老板戴着一副厚厚的"酒瓶底",比儒商更像儒商,比教授更像教授,比慈善家更像慈善家,他开着全市最大的青山特价书店。他的眼睛中微泛笑意,似乎暗含着几分褒许:"你能到青山来淘书,算你有品位,有眼光,有福气。"他在北京待了一大段时间，回来掌店才数日，我们握了握手，寒暄几句，就直奔主题。店堂里，一捆捆一箱箱一包包一摞摞书籍四处横陈，三个店伙计汗流浃背，拆的拆，搬的搬，清点，摆放，忙得不亦乐乎。店里新进了《塞万提斯文集》《雨果文集》《歌德文集》《席勒文集》《屠格涅夫文集》《契诃夫小说全集》《卡夫卡全集》《易卜生戏剧集》《斯特林堡文集》《梁启超全集》《鲁迅全集》《巴金全集》等多种精装套书。这些特价书虽为旧椠，却一律崭新，堪称十品上乘，令我心仪的就不下六种。

我正在"火力侦察"，淘友从书堆里踅过来，对我说："早在两年前，贺老板就许愿为我去人文社的库房搜寻一套《列夫·托尔斯泰文集》，盼星星，盼月亮，今天终于盼来了一套精装本。这套文集的平装本我已经收罗齐全了，这套精装本非你莫属。"淘友爱书成癖，他心里肯定经过了一番十分激烈的思想斗争，明明是在忍痛割爱，说不定已割得鲜血长流，却将高风亮节表现得云淡风轻，真是难能可贵。淘书人肯拱手让出自己心爱的书籍，这甚至比情敌肯拱手让出自己心仪的美女更艰难。淘友的风度上好，风格极高，着实令我心头一热，转瞬之间，感动之情就已拍马赶到。

《列夫·托尔斯泰文集》，人民文学出版社 2000 年出版，共计十七册，精装，十成品相，压库多年，却宛若久锢于紫檀匣中的明珠，未曾见光，更别说蒙尘。这套文集原价四百八十元，贺老板爽快地给了个五折，我都不忍心再打他的板子，以区区二百四十元购买簇新精装的《列夫·托尔斯泰文集》，如果说这不叫超值，那世间还有什么东西叫超值？托翁的文集首印数仅为两千套，一个泱泱大国，十三亿人，书痴何止两千？我居然与它结缘，可谓福分不浅，这样的幸运已接近于中得"巴比伦彩票"的头奖。

其实，我书房里"窖藏"了托翁的多种单行本，他的代表作已被我一网打尽，但购买他的文集仍属题中应有之义，系统地了解一位顶级大师的心路历程不失为明智之举。

宝物到手，别无所求。由于背囊的空间已被托翁的文集装满撑实，我购下的《歌德文集》（十卷本）和《卡夫卡全集》（九卷本）已无隙可乘，就只得委屈它们留店寄宿。银钱交割完毕了，我与淘友、贺老板握手道别，背着沉甸甸的"托翁"骑车回家，龙头摇摆，多少有点"醉驾"的神态。

夜色愈益浓厚了，似乎用锋利的水果刀都割它不开，路灯的强光也照它不透。斜斜的雨线宛若游丝，密密实实地织起水晶珠帘。我心中不禁暗暗地感激暮春的习习凉风，它使人通体舒泰，每一个毛孔都在纵情欢呼。

益友筱非

古人细分交情，林林总总，有知己之交、忘年之交、刎颈之交、莫逆之交、布衣之交、金兰之交、鱼水之交、管鲍之交、君子之交、小人之交、倾盖之交、点头之交、酒肉之交、势利之交，可谓名目繁多。

以势交者，势尽而交绝；以利交者，利尽而交疏；以色交者，色衰而爱驰；以道交者，既相濡以沫，又相忘于江湖。例外肯定是有的，但少之又少。因此从朋友交情的浓淡转变最能见出人情冷暖，世态炎凉。据《史记》所载，汉人翟公居高位时，宾客盈门，贬官后，门可罗雀，于是他在大门上贴出通告，"一死一生，乃知交情；一贫一富，乃知交态；一贵一贱，交情乃见"，彻底揭穿了那些势利鬼的真面目。要做个明白人，就得走几回下坡路，此理不谬。

鲁迅曾抄录清代学者何瓦琴的联语赠瞿秋白，"人生得一知己足矣，斯世当以同怀视之"，此举可佐证他们的交情已经登峰造极。在人世间，知音难觅，惟益友可寻。何谓益友？"友直，友谅，友多闻"，这是孔子定下的标准。我认为，再加上"友多才，友多艺，友多趣"，则更加完整。

我很幸运，益友多而损友少，开了博客后，益友的数量仍在逐年递增。我结识印家、画家、书家虢篯非，博客即是津梁。

篯非十六岁时，在校读书，某日，忽发奇想，决定只身去拜访金石书画家李立先生。想到就做，他找母亲要了一只生蛋的大母鸡，拎着它，从靖港赴省城，八十里路，又是坐船，又是乘车，费尽周折，他居然找着了长沙西园北里小巷，叩开了李立先生的家门。李立先生感其好学有诚，识其孺子可教，饭后即向他示范刀法，并且开出一纸学印书单，教他从秦印、汉印入手，还以白石老人当年的教诲转赠篯非，"始先必学古人或近代时贤，大入其室，然后必须自造门户，另具自家派别"。十六岁，篯非就取法乎上，少走了许多弯路。

后来，篯非又乘火车去北京拜访白石老人的贤嗣齐良迟先生，亲承謦欬，初知诀窍，对齐派金石书画舍纤巧求朴拙、舍工细求恣肆的心法、技法有了更直接的感性认识和理性认识。转学多师（均为古今名师），加上天分，积以精勤，如今筱非的篆刻艺术已自成面目，刀工生猛，刻技老辣，诚如古人所言，"通会之际，人书俱老"。筱非著《齐白石印艺》和《齐白石书艺》时，才不过三十岁左右，但对于齐派风格和白石老人的作品已了若指掌，如数家珍，确实令人刮目相看。

筱非曾在报社当了几年晚班编辑，专择午夜时分去李立先生家，屏息观摹恩师驱刀走石，每一个细节，每一个动作，每一次停顿，他都要认真揣摩。师徒二人的交流或有言，或无言。就这样夜复一夜，时间缓缓地变成碎屑，变成作品，化为心得，化为艺境。还有一事也能说明筱非的疯魔和痴迷，某年某月某日，他利用出差的机会，逛北京琉璃厂，淘到曹志清先生的拳术专著《形意拳理论研究》，不胜欢喜。小时候，他练过洪门拳、巫家拳，曾经梦想成为武术家，三十多岁时，这个梦想又回到了原点。日复一日，他将此书琢磨来，琢磨去，很多地方不太明白，而他凡事必求甚解。于是，他再次拿出百分之百的诚意，向曹志清先生拜师求教，还跑去形意拳的发源地山西祁县、太谷，与民间武术家切磋真功夫。意犹未尽，他又撰写了一部《形意传灯录——商式形意拳传承轶事与秘传功法》，将个人体悟融入书中。谚云，"不疯魔不成活"，诚然。

有强健的体魄，有富饶的天分，有丰沛的激情，勤勤恳恳，孜孜矻矻，这样的艺术家最能得到缪斯的青睐。我与筱非交往，稍稍沾润其才情，听他谈艺，即受益无穷。

蒙筱非厚谊，他为我镌刻了一枚名章和一枚闲章，皆古意盎然。名章刀法峻削，具力度。闲章刀法古朴，见精神。闲章的印文为"扪心犹在"，我已是奔五之人，经历了半个世纪的沧桑，扪"心"犹在，它尚未遗失，尚未废弃，理应感到欣慰。赋形易而传神难，筱非运用锋利的刻刀将我的心境崭崭然呈现在青田石上，确实令我一赞三叹，十分佩服。

筱非脱出凡格，专注于慧业，不骛虚声，不混圈子，正得其师祖爷白石老人的神髓，只低调，不高标，清操自见，长才自展。白石老人于艺精益求精，苦心孤诣，五十七岁后仍然勇于创新，那场衰年变法大功告成，因此由大匠蝶变为大师。筱非出自齐派门垣，在金石书画方面，艺境日臻于善，日臻于胜，将来必有不可限量的发展和成就。关于这一点，就算我不是预言家，也能够准确地预见到，而且乐观其成。

镇宅之宝

半年前，我陪一位艺友去湘西旅游，此行时间不长，却收获不菲。

我们先去吉首大学参观黄永玉艺术博物馆。当日，天公作美，不是用习见的煦煦晴光，而是用少见的毛毛细雨款待我们，翦翦春寒中，隐约有几分润物无声的诗意。

入馆不久，艺友迅即对黄永玉的青铜蚀刻画《山鬼》和他收藏的长江阴沉木产生了浓厚的兴趣，眼中闪闪发光，口中念念有词："好家伙！好家伙！这值多少钱啊！"同行的湘西老友智勇兄

活法

接过话茬："它们是无价之宝，用钱轻易买不到。"艺友对这句话并不认同，他说："就算是稀世奇珍，也会有一个耸人听闻的价钱。"嗣后，他们唇舌相争，又经过好几个回合的拉锯，始终未分输赢。

在湘西的文艺圈中，智勇兄广有人脉，我们说起黄永玉的关门弟子，他说："光是吉首这个地方，就有好几位。"如果黄永玉真有好几位弟子拥堵在门口，他的门还怎么关得严实？智勇兄这才抖开包袱："多半是裤裆里插扁担——自己抬自己，外界不明真相，他们就有了一宗实惠，画价至少能窜上两三个小台阶。"我们闻言暴笑，这下总算明白过来，说到底，仍是孔方兄居间作怪。智勇兄接着说："有一位画家相当低调，倒确实是黄永玉本人认可的弟子，你们想不想去拜访一下？"这当然好。于是智勇兄打电话联系，对方迟疑少顷，最终答应抽空接见我们。

田大年有"中国工艺美术大师"的荣衔，却住在一套逼仄的房子里，不足七十个平方，他六十岁刚出头，衣着朴素，神情懃拙，握手时有点潦草，他急着给我们泡茶，却找不齐杯子。智勇兄连忙说："大年老哥，你就别忙乎了。我这两位朋友远道而来，慕名而至，是想参观你的画室。"田大年的国画，墙上有，桌上有，床上有，地上也有，一不小心还会踩到纸边纸角。他乐于展示，毫无保留。智勇兄向我们介绍："大年老哥手头有两幅黄永玉的真迹，一幅卖掉了给老婆和儿子治病，还有一幅被某个浑蛋弟子骗走了，借口说企业欠了债务，要放到银行去抵押贷款，从此杳如黄鹤。大年老哥也不追究，人太懃了，心太慈了，尽吃这种明亏。"老画家表情淡然，没说什么，好像他失去的不是一件镇宅之宝，而只是一张空白宣纸。随后，我们在客厅里欣赏田大年的画册，艺友大略评点了一番，句句在行，老画家乐了，顿时兴起，决定当场绘画相赠，此举令人喜出望外。画的内容颇有古意，半截老梅干上，开几朵鲜花，一只黄鹂仰首在枝头鸣啭，另一只黄鹂从远方扑翅飞来，画面活泼而欢快。画完了，我们赞不绝口。智勇兄说："前几年，大年老哥送走了嫂子，伤心得很，画里头经常只有一只孤鸟，这两年他化悲痛为力量，才重见双鸟联翩。"我们闻之肃然。

　　中午，智勇兄请老画家和我们吃饭，还特意叫来毛厂长作陪。智勇兄说，毛厂长不简单，他是凤凰人，在吉首生产湘西腊肉，一干就是十多年。值得称道的并非他有多大家业，或者当上了什么委员，而是他每年春节前都亲自跑一趟北京，给黄永玉送上几十斤美味正宗的湘西腊肉，送了这么多年，也没图求什么。终于有一天，黄永玉被彻底感动了，对毛厂长说："现在的人，急功近利的多，像你这样有长情的少，我送你一幅画。"黄永玉的画价格动辄上百万，这个回礼着实太厚重了。智勇兄还没把这个故事讲完，毛厂长就风风火火地赶来了，四十岁出头，显得精明干练。艺友好奇地问："黄永玉的这幅画是什么内容？"毛厂长脸上立刻堆满了不加掩饰的得意，他说："是一头漆亮的大黑猪，黄老说：'大军伢子，你年年送我湘西腊肉，我干脆送你一头整猪。'"猪是中国人心目中的头号懒物和蠢物，很少有画家肯搭理它。黄永玉设计过猴票，也画鼠画猫，还画过不少其他动物，画猪却极为罕见，单是这个题材，就不简单。说到钱上来，毛厂长说："这幅画，两年前就有人出价一百八十万，我鼻子哼都没哼一声，今年他又来问价，我说，这幅画是非卖品，多少钱都不行。你们想想看，这是一件镇宅之宝，我去把它变现，岂不是比猪还蠢！"我们立刻轰笑着举杯，连向来认定"凡物必有价，有价必有下家"的艺友都被这句话折服了。我趁机调侃道："只有先认识猪，我们才能认识人！"

艺友回去后，打电话过来，感谢之余，不禁发出一声悠悠的感叹："我的藏品够多了，但还短缺一件镇宅之宝！"

为人父母

做父母不容易。有些父母教育子女极严，八诫十诫仍嫌少，"二十二条军规"也拿得出，然而言传身教双双失策。如果父母希望孩子品行端正，自己就要作出良好的表率才行。一则古代笑话可为借鉴：某老爷用孔孟之道教子，仁义礼智信，无一字无来处，但少爷满腹狐疑，因为老爷平日的所作所为与这五个字对不上卯榫。某日，少爷在书房外窥听到老爷给得意门生传授极品心经，说什么要升官发财，永保富贵，就得首先铲除心中的"五贼"。门生问"五贼"是哪些脚色，老爷笑道："五贼就是仁义礼智信！"少爷窥听此言，如醍醐灌顶。此后，他还会引"贼"入室吗？从古至今，富二代、官二代难上正路，多半与父母的身教不当大有关联。

人是环境的产物，在不同的环境中，孩子结交的朋友、养成的习惯和学会的技能差异很大。我认识一位当代孟母，她从普通居民区搬入高尚住宅区，为此背负沉重的房贷，但她甘苦如饴。看到自己的孩子进重点中学，与一些富家子弟、官家子弟同出入，玩有好伴，学有好样，她感到十分欣慰。然而这位当代孟母的愿景最终落了空。由于她业余兼职，无暇顾及家庭教育，孩子在高尚住宅区还是交到了损友，养成了恶习。这个故事说明：太阳下必有阴影，好环境中也有暗面，过分迷信周边环境，疏忽家庭教育，很可能事与愿违。

有些父母不肯放过任何赚钱的机会，成天奔波应酬，抽不出时间与自己的孩子谈谈心，说说事，打打球。在教育投资方面，这些"甩手掌柜"倒是毫不吝啬。调查结果显示，高收入家庭不惜工本，他们的孩子多半都有课外爱好，音乐、绘画、书法、围棋，也多半请过老师为孩子补习功课。做到这一步，父母多半宽了心，但结果是，好学上进的孩子仍为少数。究其原因，在孩子的心目中，父母的角色无人可以取代，父母的地位也没人能够僭越，父母的言传身教具有权威的示范作用，谁也无法越俎代庖。倘若父母只用钱不用心，孩子就会觉得自己好学上进纯粹是为了使投资者获得回报，抵触情绪自然就会与日俱增。

孩子不好学，不上进，父母的对策通常是以利相诱，满以为重赏之下必有勇夫，可孩子的学习成绩仍旧毫无起色。原因很简单，孩子觉得自己平日该花的钱父母还得花，何必辛辛苦苦去挣这笔奖金？再说，他拿到奖金后，父母肯定担心他用钱不当，会将他盯得更紧，不许他玩电游，去迪厅，交损友，他有了钱反而没了自由，真叫得不偿失。悬赏方式可以更艺术一些，比如说，父母要激励孩子好学上进，可以用假期旅游的机会作为奖励，去桂林、丽江、张家界或别的名胜景区，随他挑，由父母陪同，这样的奖励会让孩子觉得父母与他是同一条战壕里的战友。父母陪孩子游览名山大川，亲近自然，开阔眼界，增长见闻，有百利无一害。孩子得到应有的呵护，也不会交损友，做傻事。但切记，奖励不可滥用，如果孩子洗几个饭碗父母都得掏钱付费，就会使孩子变成财迷，把事事看成交易，心眼小过钱眼。

几年前，我读《宋氏三姐妹》，印象很深。宋嘉树蔑视男尊女卑的世俗偏见，以斯巴达精神砥砺三个女儿，有意将她们培养成公民而非公主。宋氏三姐妹自始就解放了手脚和心灵，像男孩子一样玩勇敢者的游戏，甚至在野外淋雨，"沐于大麓，烈风雷雨而不迷"。1904年，宋嘉树送刚满十四岁的大女儿蔼龄去美国，就读威斯里安女子学院，当时，这是破天荒的举动。三年后，他又送十四岁的庆龄和九岁的美龄去大洋彼岸，并不因为她们年纪小而有任何顾虑。完全彻底的美国化使三姐妹的学识、眼界和心气远远高出同时代的中国女子，为她们日后的辉煌人生打下了坚实的基础。如今，有些父母读了《宋氏三姐妹》，内心也会产生类似的冲动，希望孩子到国外去深造，可又怕他吃不了苦，受不了累，更担心放飞的风筝迟早断线。父母羁绊子女的翅膀而又希望他们高飞，岂不是自相矛盾吗？聪明的父母应该给孩子提供足够的上升空间，鼓励他去寻梦，去闯荡，去打拼，去勇敢地经历他们理应经历的一切。老鹰鼓励雏鹰试探蓝天，教它们不怕闪失和摔跌，不惜付出成长的代价，为人父母，也应该如此"狠心"才对。

墓碑上的未知数

我与方君在竹淇茶馆聊天，听他讲起一件趣事。

他说，某女的丈夫是一位"酒精考验"的厅级干部，身患肝癌，死于某市肿瘤病医院。此前，他因受贿、挪用公款炒股、潜往澳门赌博等多项罪嫌正被"双规"。鸟亡音灭，人死案销，这样侥幸脱罪，他算是既幸运，而又代价高昂。

某女痛失爱夫，悲不自胜，虽未形销骨立，但她的表现很出格，令亲友莫名惊诧。她自作主张，在远郊的陵园购买了一块合葬墓地，当众挥泪宣布：她决不会再嫁二夫，百年之后，要与老公合葬。生则同枕，死则同穴，古风之不绝如缕，复见于今日，众人不免感叹唏嘘。某女意犹未尽，她还让人在墓碑上镌刻自己的姓名和出生年月，某某某（1977—），以示永无反悔的决心。

这种事若发生在蒙昧的乡村，很好理解，也确实不乏实例，但它偏偏发生在现代都市，就不免惊世骇俗，令人匪夷所思。在现场，亲友疑惑不解的居多，竖大拇指称赞的倒是很少，鲜有中立分子。方君是她的同事，对此举就不表赞同，他说：

"她这样做，等于斩断了自己的后路，现在她才三十出头，莫非真的打算死心踏地守几十年活寡？她要在墓地秀一秀夫妻恩爱之情，可以剪一绺青丝，挑两套内衣，放在她老公墓穴里，也算是仁至义尽了，她偏要把自己的名字提前镌刻在墓碑上，一头钻进死胡同，要是哪天她把持不住，我看她怎么打退堂鼓，怎么自圆其说！"

方君读书读得通透，但于世情总有些隔膜，仿佛雾里看花，只能揣摩其模糊的形影，不能辨识其本色真味。我并不比方君高明，但我抱定了怀疑主义，见到雾中花，首先不会断定它为何物，其次就是对它的存在不会惊奇。我对方君说：

"你这人操心太重，她能把自己的姓名刻上墓碑，难道必要时她就不能把自己的姓名从墓碑上凿掉？再说，她现在心大眼高，既是资深美女，又是单身富婆，一般男人根本入不了她的无双谱，高品位、高素质的男人也会犯怵去追求圣洁的寡妇，她两不挨靠，说不定真能枯守到与她老公在九泉之下胜利会师的那一天。她的这个举动非常感人，制造一枚'催泪弹'已绰绰有余，《知音》和《家庭》杂志应该主动找她采访，做个专题，说不定能够轰动全国。"

"她老公是贪官！因为这一层关碍，这两家杂志是不会理睬她的。"方君摇了摇头。

"我长期向鲁迅先生学习，'不惮以最坏的恶意猜测中国人'，她的标榜十有八九是做秀。你说，中国社会现在最大的症结在哪儿？总而言之，统而言之，就是一个'假'字。在猎猎招展的'假'字旗号下，何事不可为？何秀不可做？"我的话略带了愤激的情绪。

"你说得对，我表示赞同。这年月，居然把秀做到陵园去了，我真服了她！"方君有生以来头一回承认自己过时了，老土了，out了。

我突然记起一则源自西方的笑话：一位妇人结婚数年后，丈夫因为车祸丧生。于是，她为丈夫的坟地立起一块墓碑，上面只镌刻着一句诗意的话："我的生命之灯熄灭了。"没过多长时间，她幸运地遇到了一位心仪的男士，双双坠入爱河，并且与他结了婚。搬离故居之前，经过一番深思熟虑，她找来石匠，在原先的碑文（"我的生命之灯熄灭了"）之后添加了一条附言："我又找到了一根火柴。"

我把这则笑话讲给方君听，他笑得前仰后合，连说三个"妙"字。笑话中的这位妇人，当初悲伤是实实在在的，嗣后欢乐也是实实在在的，她的做法相当真诚，也相当幽默。她寻找到幸福的归宿，既在意料之外，又在情理之中，使人感觉欣慰。她的做法与某女的做法真有霄壤之别，云泥之判。某女的做法非但没有幽默感，而且退路全无。

人生在世，不管是谁，除开大义当前，不容规避风险，在急切锁定某个去向的同时，总还得预留一条退路给自己。

当然啦，这件事可以见仁见智。完全可能，某女情深似海，她真就说到做到，至死不改初衷。对于这样的烈性女子，我和方君看走了眼，说错了话，到时候是应该向她道歉的。

第五辑：想到就说

一个机体健康的社会务必强调真实，信息真实，感情真实，过程真实，结果真实。一旦罢黜了真实，让假和伪荣耀登坛，封侯拜将，丑和恶必定蜂拥而至。

助人是一门技术活

"建设难而破坏易"，这是世人的共识。古巴比伦王国毁于战争，古庞贝城毁于火山喷发，秦阿房宫毁于大火，古贺兰国毁于沙尘暴……这样的例子不胜枚举。那么，金言"助人为快乐之本"是否会毁于前不久的一个恶性案件，还有待我们继续观察。

这个案件毫无疑点，大略如下：2013 年 7 月 24 日 15 时左右，17 岁的花季少女胡伊萱（家住黑龙江省桦南县）在文林街遇到一名假装腹痛的孕妇谭某，后者向她求助。天使女孩胡伊萱非常善良，立刻搀扶谭某回家。孕妇谭某到家之后，向胡伊萱表达"谢意"，挽留她小坐片刻，其间偷偷下药于饮料中，将毫无防备的胡伊萱迷昏，此后任由其丈夫江某对胡伊萱实施性侵，并将她杀害，抛尸于山中。

这个恶性案件不仅令人发指，而且特别令人心寒。天使女孩胡伊萱助人为乐，却惨遭禽兽夫妇江某、谭某的摧花毒手，较之其他情形下少女误入魔窟更可悲可悯一万倍。

无数家长、老师看完这条新闻后，还如何能够像平常那样循循善诱地教育子女、学生助人为乐？只要长辈的爱心未泯，就必然会痛定而思：在歹人窥伺、恶兽潜伏的社会环境中，一味教导天真无邪的孩子去助人为乐，这是否明智？善意和同情心一再遭到黑手颠覆，这是否反证了丛林法则更为合理？既能让孩子们保持仁爱之心，又能让孩子们规避可怕的生命危险，是否有此良法？

其实，助人是一门技术活，甚至应该算一门精细的技术活，但这方面的讲究从来没有人细述过，许多悲剧本可避免，却反复发生，家长和老师都难辞其咎。

天使女孩胡伊萱被禽兽夫妇江某、谭某杀害的恶性案件是个典型的例子。胡伊萱路遇求助的孕妇谭某，虽然彼此素昧平生，但是胡伊萱只怀善意、不抱戒心地去搀扶她，并不算错误的选择；胡伊萱将孕妇谭某送到小区门口后，她已完成此项义举，即可从容离开；倘若她一定要继续护送，则将谭某送至楼下，已经仁至义尽；毕竟小区中人来人往，谭某既可打电话回家，也可由熟悉的邻居伸出援手。事实上，天使女孩胡伊萱多走了一段路，那段路就成了她生命中的不归路。

有些金言口口相传，把话说得太满，难免误人子弟。比如这句，"好人做到底，送佛送到西"，就值得商榷和推敲。凡事应适可而止，过犹不及。天使女孩胡伊萱若只将谭某送至小区门口或楼下，她还会遇害吗？她的善举并不因为谭某的存心诓骗而减色。但我们不应该苛求她，为什么？因为助人是一门技术活，并非生而知之，可是谁又教过我们（包括胡伊萱）这门技术？中国社会有一个大缺陷，凡事只讲求感性的"艺术"，不讲求理性的"技术"，而且以道德的光晕模糊掉"艺术"与"技术"的疆界。身为长辈，只讲些助人的"艺术"，大多数时候，确实冠冕堂皇，光鲜出彩，但也会在某些时候直接误导甚至间接伤害天真善良的孩子。我们都知道，救人是助人的极端表现，因此技术含量往往要求更高。试想，一个少年不会游泳或虽会游泳却不懂如何救人，他见义勇为，纵身跳进水流激湍的江河中搭救溺水者，缺乏足够的泳技和后援，后果必定是悲剧放大，施救的人和被救的人双双溺亡。助人既然是仁善之举，最佳效用便是使这份仁善既得以实现，自身又尽可能安全，这就不能不讲求技术，该精细时还得精细。身为初级教官，家长和老师不能偷懒，不能大意，不能拿些道德光晕和艺术迷彩来敷衍塞责。

我知道，全国有些省份已在学校中开展"三生教育"，生命、生活、生存，没有一个是轻松的话题，也没有一个不是技术活。但愿天使女孩胡伊萱的不幸遇害能够惊醒那些草率的老师和懒惰的家长，从此教会自己的孩子怎样去做好事，如何识别人，如何把握度。只有这样，他们的爱心和善意才能够在广阔的社会丛林中游刃有余，助人为乐也就不会变成助人为傻、助人为悲和助人为殇了。

公仆慎勿做家贼

在地方上，他曾经是一位呼风唤雨、一手遮天的官员，关于他的传闻很多，有赞有弹，莫辨虚实和真伪。直到东窗事发，所有的人都傻了眼，他受贿三千多万，被判处死刑缓期执行。一颗官场的明星陨落了，有扼腕叹惜的，也有拍手称快的，因人而异，因立场而异。

一位剧作家朋友正创作一部反腐倡廉题材的电视连续剧，要去采访这位昔日的官场明星，他问我有没有兴趣同行。好啊，我从未进入监狱探访过囚徒，这是一次新鲜的人生体验。

手续一箩筐，幸亏那位陪同我们的检察官熟门熟路，在半个小时内悉数办妥了，我们寄存手机，戴好贵宾卡，跨过几道冷冰冰的铁门，步行一百来米，到达指定监区，然后上楼，那位受访者已在会客室毕恭毕敬地等待我们。不是说"虎死不倒威"吗？我从他身上已看不到一点虎气虎威的影子。囚衣下只剩一具臃肿的躯壳，那个凸起的大肚腩，估计没有三五百万无论如何也吃不出来。他强颜作笑时，比哭更难看。

照例，先是寒暄。我们问他平日怎么打发时间，他说主要是看看杂志，练练书法，这两年毛笔字有了很大的长进。以前字不成字时老有人请他题词，现在毛笔字练出了三分启功味，却只能自己写给自己看。这个讽刺够大，也够寒碜他的，命运之神玩这类吊诡的把戏最在行，但它早已玩得了无新意。

我们渐渐切入到正题中来。剧作家朋友试探着问他："厅级干部，各方面的待遇顶好了，为什么你对金钱还有这么大的胃口？"

他略微沉吟了一下，然后说："开始的时候，我自律很严，不收任何礼品和红包，但再坚固的铁门也挡不住别人天天用炸药包来炸啊！我老婆的防线先被攻破了，整座城池固若金汤，攻城时也只需轰开一道缺口。你想想看，我在一个地方做一把手，掌管着那么多位子、票子，可以随时批条子，权力的背影是什么？当然是利益。收过几回红包后，我也就习惯了，如同例行公事，说得文雅点，就是题中应有之义，彼此心照不宣，无须客气。绝对的权力导致绝对的腐败，阿克顿勋爵的这句话还是对的，权力带来的快感、美色带来的快感和金钱带来的快感，是一个三维立体，它们互相关联，密不可分。现在想想，当时要是谁能管管我就好了，谁要是能制止我就更好，可是我这么干了几年不仅没犯事，还升了官，胆子就越操越大。好比打麻将，和牌和得多了，就不信手气会在某个瞬间突然反转。乐极生悲这样的念头从未在我脑海里闪现过。"

随着话题的深入，他打开了话匣子，谈兴愈益高起，一张嘴就打不住。我总算逮住一个小小的空当，用试探的语气问他："你怎么理解'公仆'这个词呢？"

他毫无难色，而且反应奇快，立刻作出回答："有一位歌星聘请了一名助理，对她信任有加，待她如同亲人。助理的事务干得不错，待遇也不差。开始时，她很满足，也很开心，久而久之，她与圈子里其他歌星的助理去攀比，心态就失衡了，觉得自己的收入并不是顶高的。可巧主人的钱物由她过手，而主人粗枝大叶，记性不够好，她就尝试着使出空空妙手，一次又一次，完全成功，毫无破绽，她的胆子变得越来越大，结果弄出老大的窟窿，终于遮盖不住了，后果可想而知。公仆就这么回事，弄不好就会变成家贼，家贼谁能防得住？"临到末了，他又加重语气，意味深长地感叹道："很多人不清楚，做官是风险最高的职业，这种风险就像是一头猛虎潜伏在你的身旁不远的地方，你却不知不觉！"

这个答案很机智，我们相视一笑，连陪同我们的检察官也笑了。然后他开始给我们讲那个窝案的来龙去脉，以及他当年玩得风生水起的权力运作，情不自禁地露出一丝掩饰不住的得意的神色。他的故事充分证明，监督不严的权力可以弄出很大的动静。真到了案发之日，相牵而出的就是一大批官员，是一次官场的里氏七级地震。

两个小时过去了，我们采访完毕，与他握手道别，他有点恋恋不舍，对我们说："你们只管使用我提供的素材，起点警世作用，唤醒一些迷途忘返的官员，也算是我将功赎罪了。做公仆就好好地做公仆，千万别做家贼，更不要僭越主人的地位，寻求不靠谱的优越感。"

下楼时，我们遇到犯人回监，见到我们，他们都自觉地停下脚步，面墙而立，肃然无声。管理员告诉我们，这是监狱里的规矩。要知道，这个监区里的犯人昔日都是处级、厅级干部，人五人六，趾高气扬惯了，现在锋头被折损得干干净净，一个居然变得老老实实，畏缩如鼠，两相对照，真是天渊之别。

"生命诚可贵，爱情价更高，若为自由故，二者皆可抛。"此时此刻，我脑袋里突然跳出裴多菲的诗句。一个人只有失去了自由之后才能体会到自由的可贵。在监狱之外，人身自由只是一种集体无意识的存在，在高墙之内，则是日日如针刺目、如火焚心的提醒，反差竟如此之大。

"公仆慎勿做家贼"，能将这七个字悬为警示牌的官员有福了，也有救了。反之，他们就可能跻入另一个队列，即使安全着陆，侥幸逃脱牢狱之灾，也很难获得内心的安宁。到那时，无论他们归咎于人性也好，归咎于体制也罢，都是怎一个"悔"字了得。

感动源于真实

某公曾讲述过一个真实的故事："多年前，一位少女在飞轮前舍命救下三个儿童，其中一个是她的亲弟弟，另外两个是她的邻居，结果她被轧断了左腿，成为了见义勇为的英雄。报纸上报道时，记者却说她与那三个获救儿童素不相识。"为什么记者要改造事实，公开撒谎？某公爽快地揭晓了谜底："如果新闻报道说那三个获救的儿童是她的弟弟和邻居，救人的壮举就不可能感人至深了，她的英雄事迹将会失色不少。"造假有理的说道，屡见不鲜，屡闻不惊，但这回我感到了困惑。

《红楼梦》太虚幻境中的那副联语写尽了人间的真相和假象，"假作真时真亦假，无为有处有还无"。没错，确实如此。媒体为了感动读者，造假竟然顺理成章。世俗的逻辑是：那位少女在飞轮前舍身救下自己的弟弟和邻居，动机不够高尚，与英雄的壮举不挨边，因为其中掺杂了她的个人感情。这个逻辑是否经得起推敲？

中国人重视"交情"，轻视"感情"，"交情"关乎利益，"感情"则关乎心灵。某甲与某乙有交情，再正常不过了。某甲与某乙有感情，就会显得暧昧难明。即使是完全正当的感情，兄弟之情，邻里之情，一旦放到英雄主义的巨秤上，就会变成鸿毛，沦为草芥，微不足道。当初，记者采取了避实就虚的写作策略，与其说那篇报道描述了少女舍身救人的英雄事迹，还不如说它塑造了少女高大全的英雄形象。她救下三个素不相识的儿童，这是整个故事中的"神来之笔"，最为精彩的核心部分。逻辑的力量格外强大，造假的冲动就有了借口。常言道，"可爱者不可信，可信者不可爱"。我倒是觉得，少女舍身救人，哪怕她救的只是自己的弟弟和邻居，同样英勇无比，可爱可敬，在电光火石的一瞬间，个人感情固然起到了强力推动的作用，但丝毫不应贬损其见义勇为的价值。救亲人，救邻人，救陌生人，若论其救人的善良本质，三者完全一致，既无高下之分，也无轻重之别。

读者若留意各类新闻，很容易邂逅到这样的条目：某某一心一意扑在工作、学习、训练、比赛上，其亲人重病在床，他（她）都不知道，就算知道了，也抽不出时间回家探视，结果亲人不幸去世了，他（她）仍然未能回家奔丧。试问，感情的"水分"被沥干之后，这类事迹还能"感动人"吗？

在中国古代，即使是一品大员，父母去世，也得卸任归家，守孝三年，期满后再官复原职。曾国藩率领湘军在前线鏖战，正处在紧要关头，骤闻父亲撒手归山，这位湘军大帅立刻交出虎符，回乡奔丧。尽管他守孝的时间每分每秒都令人揪心，但普天之下谁有正当理由指责他不重大局，不识大体？人之常情不可轻视，更不可忽略，种种违情或矫情之举适足以导致造假成风。

一个机体健康的社会务必强调真实，信息真实，感情真实，过程真实，结果真实。一旦罢黜了真实，让假和伪荣耀登坛，封侯拜将，丑和恶必定蜂涌而至。某人干了实事，说了实话，用了真心，付了真情，你为此感动，是应该的，反之则不然。须知，伪善不是善，骗局却是局，某些忽悠能够感人动人，更能坑人害人。因此我们宁愿少感动几次，也一定要寻求事实的真相。

当年，袁世凯礼遇杨度，送钱不算什么，封官许愿不算什么，针对他的虚荣心，赠他一块"旷世逸才"的金字大匾，那才叫惠而不费的珍贵礼物。杨度死心塌地，效犬马之劳，组织筹安会，鼓吹君主立宪，用笔用喉，为袁世凯登基鼓呼造势，可谓不遗余力。结果呢？洪宪王朝只挂牌八十三天就崩盘了，杨度身败名裂。书生斗不过政客，袁世凯的感情是虚假的（利用而已），杨度被忽悠后，为了报答这份"知遇之恩"，将政治生涯的悲剧演到了最高潮。袁世凯病亡后，杨度检讨君主立宪的失败，评价昔日的"恩公"（袁世凯），较以往大打折扣，甚至大吐苦水，大发抱怨，就因为他的感动已经衰减到了冰点。

某些强梁天生铁石心肠，却擅长用忽悠去感人，弄得大家泪雨倾盆，他们凭此神功找到了所罗门王的藏宝秘钥，拥有了埃及法老的掌权金杖，但时过境迁，受骗的人幡然猛醒，他们得心应手的那些"高明的把戏"难免穿帮，真就不值一哂了。

人才是核心竞争力

比尔·盖茨曾说："如果把我们二十名最聪明的员工挖走，微软马上就会成为一个无足轻重的企业。"精英人士的核心竞争力不可小觑，比尔·盖茨的话绝非夸大其辞。

有一句名言忽悠过无数人，"一头狮子率领的一群绵羊能够战胜一头绵羊率领的一群狮子"，这句话强调的是领头人的作用压倒一切。事实究竟如何？即以楚汉之争为例，如果说楚霸王项羽是狮子，汉王刘邦就是绵羊。刘邦折了九十九阵，输了九十九场，却赢下了决定江山归属的关键一局。战神项羽不善于发现人才和使用人才，是其致命伤。韩信受不了憋屈，悄悄走人，最能说明问题。韩信在汉营仍被低估，又卷起铺盖，月夜开溜，结果被萧何追回。刘邦一旦认识到韩信出类拔萃的军事天才，立刻拜他为三军主将，力度之大，一时无与伦比。有韩信决胜千里，有张良坐镇帷幄，有萧何统管后勤，得人才之忠心和死力，"核反应堆"由此形成。楚霸王勇冠天下，屡战屡捷，但他帐下的人才流失殆尽，连亚父范增最终都被气死了，就算项羽不在乌江自刎，能够逃回江东，也很难卷土重来。

三国时，魏、蜀、吴形成三足鼎立之势。起先，家家战将如云，谋臣如雨，彼此颉颃，谁也占不到多少便宜。自从关羽大意失荆州后，蜀国的文武人才凋零得最快，下坡路也走得最疾。诸葛亮晚年，六出祁山，北伐中原，终于羸弱到"蜀中无大将，廖化作先锋"的可悲地步，失败洵在情理之中。魏国大将邓艾率领一支偏师，偷度阴平，杀入蜀国腹地，势如破竹，半月之间即兵临成都，逼降后主刘禅。这最能见出五虎上将凋零后蜀国军事人才匮乏的窘境。大笔烂账全让扶不起的阿斗一肩扛是不公平的，诸葛亮应负主要责任，作为蜀国丞相，他主持军国大事，政无巨细，都要由他拍板才成，军中处罚二十军棍以上，也要经他批准。上峰不选贤，不放权，不使人才如锥处囊中，他们又怎能脱颖而出？就算诸葛亮能耐非凡，神通广大，鞠躬尽瘁，死而后已，也挽救不了蜀国最先衰亡的命运。这再次说明，一头狮子带领的一群绵羊无论如何也战胜不了一只绵羊带领的一群狮子，何况司马懿并非绵羊。

当今世界是一个越来越透明的世界。我们从宏观方面放眼去看，人才的数量最多、质量最精、密度最大的国家就是综合国力最强的国家，与之相应的是，国民的物质生活水平和精神生活水平也最高。我们从微观方面去看，人才的数量最多、质量最精、密度最大的企业就是创造力最强的企业，与之相应的是，员工的归宿感和荣誉感也最足。罕有例外。从人才流入和流出的数量、质量、幅度、速度，我们很容易观察到某个国家或某个企业核心竞争力的升降。须知，人才集散同样呈现出强者愈强、弱者愈弱的马太效应。

美国作家沃尔特·艾萨克森所著的《史蒂夫·乔布斯传》比较客观地记录了传主的人生遭遇和心路历程，并未将他塑造成万能的天神。乔布斯汲引人才，无所不用其极，他的"镐头"总在努力刨寻富于创意的奇材异能之士。他使用人才也是无所不用其极，非"榨尽"对方库存的奇思妙想而不罢休。响鼓也用重槌擂，千里马也用长鞭抽，在苹果公司，那些功夫在事外的奴才和庸才根本找不到钻营的罅隙。妙就妙在，那些天才、人才个个被他逼得奋力攀岩，无懒可偷，充分发挥出自己的潜能潜力后，反而感激他发现了"另一个自己"。乔布斯缔造苹果帝国，既得益于独到的战略眼光和市场理念，也得益于他对人才的深广挖掘和充分使用。他帐下人才济济，就相当于一头狮子带领着一群狮子，去对付一头狮子带领的一群绵羊或一只绵羊带领的一群狮子，处处占有长足的优势。乔布斯仙逝后，苹果帝国即开始走下坡路，这并不奇怪，像他那种天才中的天才（他的天才能照亮其他天才）乃是旷世罕觏的，苹果的现任总裁蒂姆·库克根本无法望其项背。

"世有伯乐，然后有千里马。千里马常有，而伯乐不常有"，韩愈在《马说》中强调伯乐的重要性，就因为核心竞争力的按钮掌握在伯乐手中，那些貌似千里马的驽马、劣马无不蠢蠢欲动，跃跃欲试，但伯乐对它们不屑一顾。项羽和诸葛亮尚且没有伯乐相马的眼力，就可见千里马要冲出驽马、劣马的重重包围圈，成为众人注目的焦点，真不是一件容易的事情。

审丑的厌倦

机缘巧合，一位云南的朋友带我去罗平看油菜花。

油菜花有啥稀奇？我在乡下放牛时，就不曾把它当成风景看。

饥饿年代里，油水极薄寡淡，油菜花如同大块大块的讽刺文章，只有野蜜蜂喜欢去一亲芳泽。老实招供吧，几年前，我在门源观看过高原油菜花海，也未曾激活心头的诗情画意。

云南的朋友告诉我，罗平是油菜花的王国，到了当地，你过去对油菜花的种种认识都将被完全置换。对此说法我将信将疑。

事实上，真正折服我的并不是罗平的油菜花，尽管它确实像一座望不到边际的露天金矿，视觉冲击力强大无比。真正折服我的是罗平县政府的广告创意，请来芙蓉姐姐做罗平油菜花旅游节的代言人。云南的朋友细说因由："当初，罗平锁定的不二人选是一位国际巨星，她的身价高得离谱，而且调整档期也是个不小的麻烦。后来，有人突发奇想，请芙蓉姐姐来做广告代言人，可以出奇制胜，变成网络话题，吸引更多的眼球。事实证明，这个创意出的是奇招，收的也是奇效。"他的话，不管你信不信，反正我是信了。

网络要捧红一个人，比大自然要捧红一枚野果更容易。眼球经济火过了头，各种受用皆为美女所备，贪官污吏囤集性资源，甚至将那些年轻貌美的情妇列为禁脔，再加上选美、选秀活动竞相爆出各种猫腻，众人逆反心理发作了，搬用马戏团捧红小丑的故伎，去捧红某些效颦的东施，就不能简单地称之为恶作剧。

这个时代，所有的少女、阿姨、大娘、老妇都被称之为"美女"，从"美女"中再分别出丑女来，倒是显得不合时宜了。有诗为证，"无盐嫫母恨生早，凤姐堪称大美人"。

其实，相比美女，丑女的平均智商更高。有一位网络"红妞"（姑不具名）曾向记者炫耀，她的回头率高达100%，记者不信，批评她言过其实："明明有男人没回头嘛。"她笑道："你猜那些男人为什么没回头？他们都在擦鼻血！"过了一段时间，那名记者又问该"红妞"："最近回头率下降了吗？"该"红妞"从容作答："已涨到120%。"记者大惑不解："怎么可能呢？"该"红妞"为之释疑："他们牵的宠物也都回头了。"记者闻言，立马笑翻。

　　某些网络"红妞"以出格出位的雷言雷行耸动视听，走穴做秀的身价一路看涨，反感其表现的人称之为"丑人多作怪"，感叹"世风日下，人心不古"，乐观其成功的人则称之为"风水轮流转"，感叹"野百合也有春天"。

　　从前，审美大行其道，是绝对的主流，审丑被边缘化，甚至被妖魔化，很难得到社会的赞许和认同。辜鸿铭被称为"疯子"和"怪物"，他玩赏三寸金莲，由衷地赞美道："小脚女子特别神秘美妙，讲究的是'瘦、小、尖、弯、香、软、正'七字诀，妇人肉香，脚其一也，前代缠足，实非虐政。"别人讽之为审丑怪癖，他却视之为审美快感。

　　由此可见，审丑的人未必肯承认自己的行为与审美相背离，各人手中的幌子均为双面绣，一面绣了个"美"字，另一面绣了一个"丑"字，根据需要而翻覆，审美和审丑就成为了一对面容酷肖难以辨识的双胞胎，轻易看不出究竟谁是谁。比如现在的某些美女明星生怕自己被遗忘，被冷落，不断以深V镂空装、八卦绯闻、咸湿艳照、性爱视频等立体组合博得更高的出镜率和点击率。观众激情围观，媒体大肆渲染，这倒底是审美还是审丑？你能说得明白吗？

　　我听过一个搞笑到抽筋的相声段子，立刻就猜出了那位相声演员的"司马昭之心",他为某位网络"红妞"量身定制这件作品,极尽嘲弄挖苦之能事,我担心那位"红妞"听了这个段子会跳楼自杀,但后来听说她一笑置之,甚至心存感激,认定那位相声演员为她作了免费宣传。当年,阮玲玉害怕小报的百端污损,深感人言可畏而服毒自尽,心理抗压能力竟比纸窗还要差。现在的"红妞"和"红姜"有一个共同点,那就是绝对不怕任何丑闻,最令人惊爆眼球的是:她们个个精刮,在高招迭出的团队策划下,居然能够化腐朽为神奇,化丑闻为高收益。当年,阮玲玉若能参透这一层,一代影后又何至于在二十六岁上就香消玉殒呢?

你看得懂,并不意味着你想得通。审丑何以与审美缠夹不清?审美为什么总是与审丑互换角色?你若不能正确回答这两道脑筋急转弯的题目,那你就干脆承认自己 out 了。我相信,美学家与社会学家强强联手,也未必能够轻松解答这道难题。

中国的传统文化是一种典型的"耻感文化",讲求"礼义廉耻"。当今的市场规则却彻底颠覆了它,遵从的是赤裸裸的厚黑教条。"你丑,并不可怕;最可怕的是你怕丑。"怕丑的人就赚不到钱,怕丑的人就出不名,更别说比赚钱、出名版本要高级得多、得瑟得多的那些事情了。

"裸风"劲吹

在东方古国的大地上,原本是没有几丝"裸风"可吹的。"贵妃出浴"的镜头朦朦胧胧,只不过刺激古代文人骚客丰富的想象力，让他们集体意淫，与大饱眼福并不相关。初唐时期，阎立本的《步辇图》明确显示，即使在十分隆重的外交场合，宫装打扮也允许微露酥胸。杜甫的诗作《月夜》中有"香雾云鬟湿，清辉玉臂寒"，同样证明唐代的良家妇女可以裸露手臂。元朝是异族人主中原，王实甫以唐代文学家元稹的传奇《会真记》为蓝本，创作戏剧《西厢记》，莺莺作诗暗示张生，由红娘送达，"待月西厢下，迎风户半开，拂墙花影动，疑是玉人来"，可以肯定，诗中的痴情"玉人"绝对不会穿着透视装来约会。到了明、清两代，女人衣襟开扣和裙底露出鞋尖，即被视为失检，甚至被斥为放荡，只有全身上下包裹得严严实实，才算得体。这样一来，春光泄漏的裸女图影就仅见于那些私室秘赏的春宫画，倘若谁在公众场合展示它们，必受舆论谴责，还有可能遭到官府逮问。禁锢如此周延，防嫌如此谨密，反倒显出明、清两代男士们的性心理不够健康。

20世纪初，妇女解放运动的涛声终于在东方古国的冻土层上响起。放足之后，女性麻起胆子在服装方面巧动心思，比如将旗袍的开衩口向上提高，颈口向下降低，但极具分寸感。我们看看民国时期的月份牌，那些美女的打扮固然比明、清时期更为活泼，但仍旧难脱矜持的感觉。唯一可喜的是，她们总算解放了自己的双臂，露出小腿也不再算什么大问题。

跳过半个多世纪的光景，细看当今，你从一个小小的窥孔即能观察到世界的剧变。超短裙早已不算新潮，露背、露脐、露臀、露胸，布料已省无可省，真可谓"色即是空，空即是色"。除了少数人艰于适应拂面而至的"裸风"，大部分人都怀着不用买票即可看戏的心理，暗自打个吃喝。以肉麻当有趣的时代行将过去，以恶俗为无聊的时代尚未到来，于是乎，某些丑女也能一脱成名。令人诧异的是，由此形成了"西施效颦"的社会效应，某些电影明星竟然也模仿丑女们在网络走红的必杀绝技，故意选在各类电影节红毯走秀的大场面上身着香艳之极的镂空装，高光露点，大胆出位，借此吸引眼球，博取压倒众芳菲的上镜率。虚荣心确实很害人，她们祖露得越多，得到的佳评反而越少，口碑反而越差。

失控的网络是个不怀好意的大卖场，即使是那些习惯拍砖的网民也不断怂恿女人露出各自的"胸器"和"事业线"，她们的失地越辽阔，围观者就越众多。有些富二代少女不仅炫富，而且故意用裸图裸照去寒伧大多数同龄人，潜台词无非是："我这么白，这么富，这么美，你们望尘莫及，只能羡慕嫉妒恨！"这就很不厚道了，我原本认为炫富是恶俗之极的，炫美则不在此列，现在看来，某些靓女的炫美行为来势汹汹，咄咄逼人，同样怀着反智反雅的居心。

如今，"裸风"劲吹已属于不争的事实，各色裸模、裸替成为了职业需要，某些人体摄影、人体彩绘和行为艺术也都是"裸"字当先。美国资深明星麦当娜和年轻红星 LadyGaGa，均赤裸成癖，大有不裸不足以平民愤之慨，影响所及，全球效仿。她们赤条条来去有牵挂，吸引的眼球可以变现为财富，赚得盆满钵溢之余，是否充分兼顾了艺术？就只有天知道了。如今，一些年轻人要为青春留下亮丽的证明，竞相拍摄个人裸照，有些情侣更进一步，拍摄全裸婚纱照，这是他们的公民权利，只要不放在网络上招摇显摆，就无可厚非。

两年前，曾有人在微博上发出一张日本女体盛的照片，说是在中国的某些私人会所中也有踪迹可寻。他说："一席'盛宴'的价码低则一万元，高则十万元以上，谁能享用得起？"结果有人跟帖回答博主："某些裸官肯定是大主顾！"这当然只是戏谑之词，却令人忍俊不禁。在强劲的"裸风"中，某些"裸官"刮走的何止巨额金钱，还刮散了老百姓对他们的信赖。

中世纪时，在欧洲大陆，女人当众裸露肉身是不可饶恕的罪过，极有可能被烧死在火刑柱上。直到文艺复兴时期，贵族女性的裸体画才终于登上了艺术的大雅之堂。现在，美国女界正兴起"性感裸读"运动，某些州，女性在公众场合无上装阅读，不仅是合法行为，而且是艺术行为。西方绿色环境保护组织举行抗议活动，经常会运用裸体示威的极端形式，少则数十人，多则数百上千人，那样大的规模，那样多的玉体横陈，却令人思无邪，油然产生敬意。国内的"粉红丝带"公益活动吸引众多女明星、女名流裸出自己的健康和关爱，也同样是可敬可佩的。诚然，只要是在正确的时间、正确的地点，为了公益和艺术的目的，裸露就不仅是美丽的，而且是高尚的。

当然，也有一些裸露行为我们很难评判其优劣，比如北京的裸奔哥，他夜间骑着电摩，抱着充气娃娃，扛着十字架，在望京一带神出鬼没。他要传达什么？他要展示什么？这是不是行为艺术？都成为一个谜。但有一点应该是肯定的，他比那位为房地产今年是否涨价与任志强打赌要在长安街裸奔的郭建波显得更低调，却干得更彻底。既然此人能够给死水一潭的社会增加点动静，就不能说他的"裸奔秀"毫无价值和意义。

民间智慧不可低估

前一段时间，上海高院四位法官招嫖落马，"中国福尔摩斯"老陈红遍网络，将民间反腐的连轴好戏推向了新高潮，相比全国范围内持续的高温天气，其火爆程度不遑多让。

老陈是如家连锁店的加盟商，他不好好打理生意，却改行做私家侦探，这也太离谱太蹊跷了吧？大家寻根究底，这才霍然明白，老陈的经历不寻常，他曾是司法不公正的受害者，也一度做过那种专走冤枉路、专耗冤枉钱的访民。换成张三李四王五赵六，要么狠吞几口唾沫忍了，自认倒霉；要么多派几个马仔拼了，只图痛快；可老陈走的是人迹罕至的第三条道路：搜集铁证，扳倒冤家。为此，老陈花费了一年多时间（有足够的耐心和信心支撑，他的预算是三年），跟踪了将近一百次（有足够的机警和冷静支持，对方始终毫无觉察），动用了各种精良的秘拍设备（有足够的硬件和软件支援，证据全都是高清视频）。更难能可贵的是，老陈并没有将自己拔高为反腐斗士，他只是觉得所有的门被关死、所有的路被堵死之后，他的账还得算，冤还得伸，那咋办呢？就集中注意力，使出浑身解数，单干一回。老陈有个坚定不移的信念：腐败分子迟早会露出可疑的马脚和可鄙的原形，看就看他在何时何地以何种方式忘乎所以，猎人不愁等不到抠动扳机的那个瞬间。

老陈对腐败法官实施精确打击，使许多观众惊叹其手段高明、证据确凿和处置妥当，在任何一个环节上都没有掉链子，只有真正的高手才能做到这样滴水不漏。他单枪匹马，干好了一队精兵强将才能干好的事情，如果说这还不是智慧，那什么才算智慧？真正出人意料的是，他大胆开发自己的偏才，不到两年就成了福尔摩斯。老陈是合法商人，他这样做完全是急中生智，那么是谁把他惹毛了逼急了？奸商和贪官的合谋，四处碰壁的处境，可能会使许多人沮丧、郁闷、泄气、酗酒，但老陈没有消沉和狂躁，他选择了合乎理性的绝地反击。

有人嘲笑老陈"一根筋"，甚至骂他缺德、无聊、卑鄙、可耻，有窥阴癖，是不肯与人为善的小人，这都可以理解。倘若谁站在腐败法官的角度或站在维护他们利益的立场上，不这样辱骂老陈才叫奇怪，不这样贬斥老陈才叫反常。民间反腐方兴未艾，应该说，像老陈这样有勇有谋有理有节的"一根筋"不是太多了，而是太少了。老陈的真正价值不在于他用铁证扳倒了四名腐败法官，而是他的示范作用启发了很多人：别做无用功，避免鬼打墙，垂头丧气无济于事，怄出一身疾病更不值当，重要的是，你在哪儿跌倒，还得从哪儿爬起来，用铁证说硬话，用媒体作擂台，结果不会更差，只会更好。这样做的人多了，那些贪腐官员就会闻风丧胆，遇事早掂量，如果他们仍执意要多行不法，多行不义，就会发现四面八方都有锐利的目光射来，令他们如芒在背，如坐针毡，吃嘛嘛不香，睡哪哪不安。

有人在网上总结老陈的六大优点，夸奖上海人如何精明干练，如何冷静沉着，如何主次分明，如何智勇双全。其实，老陈是四川人，虽在上海生活多年，却并非土生土长的上海人。我倒是认为，中国人，不管他们在哪儿，就没有几个是二的，傻子很难跻入百家姓。以往，他们尚未打开思路，只在常规途径上兜圈子，现在老陈的示范大功告成，榜样的力量是无穷的，你想想看，他们中间大把大把的聪明人会不会跃跃欲试？我相信，老陈绝对不是一骑绝尘，后来居上的张福尔摩斯、李福尔摩斯、王福尔摩斯将如雨后春笋，贪腐官员的好日子快要到头了，他们怕就怕反腐的官方行动迅速演变成为民间智慧的大比拼。

在网络时代，所有的硬件、软件都支持聪明人做聪明事，你越是理智，就越有胜机。那些狂躁而偏执的访民，如果你们真的受了冤屈，就早点打道回府吧，一定要相信：民间的反腐智慧不是豆芽，它是未来的参天大树。

西方有一句名言："一千个观众就有一千个哈姆莱特。"同理可得，一千个"老陈"就有一千个福尔摩斯。光是这么想想吧，就令人格外振奋。

少弄些急就章

在古代，战时不同于平时，军中任命官职往往要争分夺秒，因此印信只能仓促凿成。这样的"急就章"留存下来，多少总有些实物价值，至于艺术价值，则乏善可陈。

破坏易而建设难，这是世人的共识。正因为建设难，人们就始终都在谋想如何才能删繁就简，化难为易。

古人笨拙，秦朝的国力空前强盛，秦始皇决定在骊山修建一座旷古未有的阿房宫，先后动用工匠、黔首和刑徒上百万人。真可谓慢工出细活，从秦始皇修到秦二世，修建了十多年，仍未完工，最终被楚军的一把猛火烧得精光。我们暂且不去讨论那把猛火纵得应不应该，此举所造成的损失十分惨重，则毫无疑义。

今人聪明，建设任何大工程无不进度飞快，建设仿佛变成了毫不费力的事情，结果却不免令人傻眼，垮楼、垮坝、垮桥的新闻时或有之，高速公路上打补丁的现象比比皆是。前段时间，一条新闻更令人着急上火，某地要建一座世界第一高楼，共 220 层，高 838 米，真正令人喷舌惊叹的不是它的高度，而是它的进度，据说，按照计划，在地面上框架封顶的时间（不包括在车间制作钢结构件、基础部分施工、装饰装修和机电安装的时间）只需四个月，如果说这不是媒体刻意炒作的时间表，那么它必定将现在的所有建筑纪录都破得稀里哗啦。这样建成的房子，不知道你敢不敢去居住，反正我是不敢去上面逗留片刻的。当然，这可能只是满足人们好奇心的一个噱头，某公司炮制的一个广告方案，但由此抖搂出来的那种浮躁情绪和狂妄心态值得我们认真考量。在一个求多、求快、求全、求高、求大的时代，求好、求精、求细、求美、求省已退而居其次，甚至居其末。有时，求快能够省钱，但无法省心，这样的节省又有什么意义？慢工出细活的理念被抛弃后，快刀斩乱麻的粗放型高手就能吃通和通吃。急就章触目可见，令人避无可避。

有一次，我在长途大巴上听邻座扯闲谈，一个人说："商品房的产权只有七十年，顶多能传到孙子辈，就到期了。"另一个人则以冷幽默回应："七十年够长了，你得天天烧高香，看看你的房子，建筑质量可不咋的，能有七十年的寿命，你就该谢天谢地了。"细想想,这话真没错,在我居住的这座千年古城中,已达七十年寿龄的房子非常罕见。

事实并不尽然,依我看,某些地方政府的大楼巍峨宏伟,绝对真材实料,别说七十年,就是七百年也不在话下,问题只在于,它们将来陈旧了,过时了,不够宽敞了,仍将难逃拆掉重建的命运。建设不差钱啊,反正寅年可以吃卯粮,欠债自有后人偿。

现在最令居民看不懂的现象就叫"满城挖",在全国各地的城市中普遍存在,摊子铺得大,项目上得多,进度跑得快。有人批评地方官员好大喜功,有人则不惮以最坏的恶意猜测急就章背后隐藏了不能见光的东西,善意的批评也好,恶意的猜测也罢,总归反映了大家对急就章的抵触情绪。

建设应该精雕细琢,不应该鬼画桃符,这是个基本常识。但在某些肾上腺素异常亢奋的官员心目中,短期效益才是真实可见的效益,一大堆急就章才能推高 GDP。如此说来,尽早将地方官员的政绩与 GDP 脱钩,实乃建设者取得良效长效的先决条件。

这不可能

一年前,蔡君被点名调往北京,不仅分得一套大房子,而且事业更上层楼。前些天,他返乡吃喜酒,与一群熟人同桌,对他的近况,有人羡慕,有人嫉妒,也有人恨。羡慕的表情非常相似,嫉妒和恨的言语则各不相同。有人犯酸:"这样的好事怎么就被你碰上了,肯定伤了不少羊子(钞票),跑了不少门路吧?"有人挪揄："你这不叫调北京，你这叫中大奖，发横财，光是那套房子就值几百万！"有人调侃："你这是老来俏，可以与刘晓庆媲美。"有人则不相信："五十出头还调北京，这不可能，绝对不可能！"蔡君素性宽宏大量，无论别人说什么，他都保持微笑。面对一连串的"不可能"，也没作什么辩驳和解释。

我问蔡君为何不告诉他们事情的来龙去脉，蔡君回答："没必要啊！我在这边的时候，他们无视我的成绩，恨不得把我排挤到门角弯里去，结果出乎所有人的意料，包括我本人的意料，我被点名调往北京，他们的心理不失去平衡才怪，当面断言铁的事实为'不可能'，你以为说话的人真糊涂？那是因为他心烦意躁。"

言之有理。嫉贤妒能之辈认定贤能者就该隐忍憋屈地生活一辈子，倘若你突然变成了例外，他怎么肯相信这是事实？又怎么肯承认这是事实？

每个人仔细想想，就会发现，自己的生活中有许多个"不可能"最终变成了"可能"，变成了事实。二十七年前，我在一所普通中学读书，高考恢复刚刚五年，没人认为我能应届考上北京大学中文系，填报志愿时，校长、班主任、父亲、兄姐无一人赞成我填报北大，他们的意思再明白不过了，就是"你绝对不可能被北大录取"。我却一意孤行，结果如愿以偿。在中文系的迎新会上，系主任、老教授都众口一词地提醒一年级新生，北大中文系不是培养作家的地方，你们要学好专业，可别一天到晚只做作家梦。我主修的是汉语专业，却饱读文学名著，老实交代吧，我的作家梦越做越酣畅，到了三年级就已欲罢不能，不仅加入五四文学社，与人合出油印册子，而且把习作寄往北京、上海、天津的多家名刊，去碰运气。毕业之后，我的作家梦就像底片放进了定影液中，由"不可能"转变成为了"可能"。当年，如果我听从老先生们的指点，学好专业，考硕考博，研究语言文字，走的就将是另一条蹊径。但那条线路与我的人生设计并没有多少正关联，于是我向一条"不可能"的独木桥走去，"成则我幸，不成我命"，竟有点认赌服输的意思。

经验告诉我，许多"不可能"都像暗礁一样存在。别人会善意地提醒你，现状是好的，别再好高骛远了。自己也会在心里不断打鼓，现状确实不坏，还有必要折腾和扑腾吗？关键就在于，你真心想要达到的目标究竟是否在暗礁的那边，如果是，你就得振作精神，集中注意力，使出浑身解数，去逾越它和前方更多的暗礁。人生有征服的快乐，也有挫折的伤痛，没关系，"不可能"与"可能"是芳邻，不要以邻为壑，而要经常去串门，联络感情。

在上个世纪八十年代，万元户是众人眼红羡慕的对象，你要是预言"将来有一天，大家都会成为万元户"，一百个人中至少有九十五人会毅然决然地认为"这不可能"。然而并没过太长的时间国人就一个个顺利轻松地跻入了万元户的行列。先是十年不吃不喝难攒一万元，然后一年就能攒足一万元，再后一月就能攒足一万元，如今有人一天或一小时甚至一分钟就能攒足一万元。昔日的"不可能"就像核桃一样，早已被"可能"的铁锤敲开了坚壳。事实证明，"不可能"是脆弱的，"可能"才是坚实的。

智者总是想到更广泛的"可能"，许多暂时的"不可能"无法屏蔽他们眺望的目光，也无法拦阻他们前进的脚步，因此他们总是更乐观，也更坚定，没有那么多的焦虑和困惑。只要努力不懈，办法就永远比困难多。

当然，也难免会有人高唱反调：你太低估某些"不可能"了，他们并不是肉眼可见的障碍，不是你想绕开就能绕开的禁区，它们是无物之阵。我认为，就算有这样的八卦阵存在，"不可能"还是最终会被"可能"击破，毕竟文明进步是人类社会的主流方向，最具实力的时间也始终不变地站在"可能"这一边。

顺应官意

"顺应官意"这个说法，是从"顺应天意"和"顺应民意"脱胎而来的。不管天意、民意在现实中是否得到了应有的尊重，是否遭到了过分的践踏，至少从表面上看，"顺应天意"和"顺应民意"的说法尚未玉碎瓦解。

绕远点说事更安全。明太祖朱元璋做皇帝仍嫌不过瘾，还要做全体国民的精神导师，他阉割《孟子》，将"民为贵，社稷次之，君为轻"之类闪耀着民本思想光辉的文字删得无影无踪，只准读书人接触《孟子节文》，但他死后，这一既不光明又不正大的手段终归失效。集体失忆只可能是短暂的恍惚，那些良知岿然的读书人很容易找准机会将《孟子》恢复原貌。官方呢？当然不会贴出什么劳什子的政府公告，自己抽自己的耳光，无非睁一只眼闭一只眼，以"顺应民意"巧妙含糊过去。

中国社会一直是官本位的社会。官员顺应民意总不如民众顺应官意那么爽快、麻利和彻底。战国的刺客，汉朝的侠民，均有过悖逆长官意志而动的壮举，但余响久绝，明代反抗魏忠贤的苏州市民颜佩韦、杨念如、沈扬、马杰、周文元掀起过一个小小的高潮，也只留下了一座五义士墓，他们所代表的民意仍然惨遭蹂躏，他们的生命仅仅在黑暗死寂的铁屋子中化为一声宛如裂帛的呐喊。元代的异族统治者将全体国民划分为九个等级，官居第一。明太祖朱元璋为各地的城隍定官爵，最高者为正一品，最低者为正四品。既然官本位不可动摇，长官意志的触须无所不至，民意又有何策何方于何处措手足？因此就算是痛恨帝王将相的人，私心里真正痛恨的并非其富贵尊荣，而是痛恨他们霸占着御座和官阶，其他人没有了轻松上位的机会。刘邦尚未发迹时，热眼旁观秦始皇巡游天下的大阵仗，艳羡之余，吐露真心话："大丈夫当如是也！"类似的情形下，项羽的发言更为豪迈："彼可取而代也！"官本位以王位或皇位为坐标中心点，向四方延伸。刘邦和项羽的想法不谋而合，只不过前者含蓄，后者直露。这就难怪了，"黑旋风"李逵鼓动宋江径直向东京进军，"杀了鸟官，夺了鸟位"，杀官的目的是为了夺位，这八个字倒是丝毫没打马虎眼，爽直得全无遮拦。

在专制政体下，官本位是一个解不开的死结。有官职就拥有美妙享受和高额回报，以及生杀予夺之权。官员们心里揣着这个明白，唯一要做好的事情就是保住乌纱帽，力求步步高升。因此"官官相护，官官相卫"是他们的常规手段，"一荣俱荣，一损俱损"是他们的通行法则。顺应官意，有一道常景中的胜景，为了追求更大的权力，为了贪图更多的金钱，为了染指更美的女色，小官必须俯首帖耳，从奴才做起，从奴才的奴才做起，他们竭力效忠的对象不是朝廷，而是顶头上司，倘若连这点诀窍都没弄清楚，他们就得早早收摊。例外当然会有，在罗网不够严密或帝王较为开明的专制朝代，例外甚至较多，但官场的总体表现则不会有太大的不同。

小说提炼现实生活，往往比历史更有看头，《红楼梦》第三回就提供了顺应官意的范本。门子（昔日葫芦庙的小沙弥）为知府贾雨村讲解护官符，有这样一番涤心濯脑的话："如今凡做地方官者，皆有一个私单，上面写的是本省最有权有势极富极贵的大乡绅名姓，各省皆然，倘若不知，一时触犯了这样的人家，不但官爵，只怕连性命还保不成呢！"官员为何要怕乡绅？是因为乡绅的人脉盘根错节，在朝在野都有势力，开罪不起。护官符虽是潜规则下的可疑产物，但它能全面呵护官本位，增强其操作功能，起到润滑剂的作用。贾雨村初入官场，天良尚未泯灭，泥足尚未深陷，一度想顺应民意，为民申冤。结果是，他研究完护官符，就自觉地顺应官意了，任由冤情沉海底。

2012年2月，德国女总理默克尔访华，居然没有按中国官方的善意安排入住总统套房，而是入住商务标间，她还谢绝了高档西餐，只用酒店的自助餐。用餐时，她捡起不慎碰落的面包，放在自己的盘子里，丝毫不浪费，此举令中国官员汗颜的同时，也很好地作出了示范：节约纳税人的每一分钱乃是官员的本分，而非马屁精吹捧的"美德"。

在西方民主国家，顺应民意乃是自觉的行为，有了这样的习惯，你再用良言美语称赞他们顺应民意，他们都会感到惊讶："不这样做，还能怎么做？"

四种

活法

　　一个强势的政府公开承诺：官员将会心甘情愿为民众谋福利，把原本已经跳出魔瓶、不受约束的权力重新关进笼子。有人说，这个笼子应该是法律。有人说，这个笼子应该是民意。笼子可以虚化，制度、法律和民意则必须受到足够的尊重，才能卓有成效。

　　有人说，终有一天，高入云霄的官意将不得不把头低到尘埃中去，顺应民意势必成为中国官员的职业习惯。这个吉期何时到来我不知道，但倘若倒计时能从现在开始，我的乐观情绪就可立刻爆棚，进入世间难得一遇的大"牛市"。

后记

　　近几年，我为南北多家报纸撰写短文，一如既往地审视历史，一改积习地关注现实。

　　历史好谈，现实难说。这跟头绪是否纷繁无关，只跟主题是否尖锐、舆境是否宽松有关。写文章最爽利的是畅所欲言，畅所当言，最不爽利的则是吞吞吐吐，支支吾吾，点到为止，欲说还休。在这方面，那些堪称性情中人的老祖宗多半是吃过明亏和暗亏的，受过窘迫和挫辱的，挨过板子和棒子的，要不然，他们又何至于反复强调"文贵曲"呢？古人使用曲笔和闲笔的秘技，我就是再认真钻研十年八载，也未必能够钻研得透。然而可怜亦复可笑的是，前辈作文，善用曲笔，这一招鲜却如同《天龙八部》中段誉运用的家传绝技一阳指，时灵时不灵，到头来仍不免喟叹"文穷而后工"，作者必须在困境和苦境中长久体验，文章才能够接到地气。果真如此，文章不是硬憋出来的，而是倒逼出来的。

尼采有句名言："一切文学，吾爱以血书者。"偏爱悲剧无妨，独沽一味则不妙。

这个社会，不管它有多少弊病，有多少危机，我们置身其中，就应该建设点什么。"文章合为时而著，歌诗合为事而作"，白居易的真知灼见并非过季的衣裳。剀切为文，总好过抱怨和谩骂。直抒胸臆，总好过郁闷和纠结。我撰写这些短文，目的就在于建设。有理智就会有避让，有理解就会有宽容，充分尊重个人价值和个体差异，只有这样才能夯实建设的基础。不管你是在拼，在挺，在混，在隐，究竟以何种活法处世做人，只要良知未泯，善意犹存，就是社会机体中宝贵的活性细胞。

生活，是艰难的；言说，是艰难的；书写，也是艰难的。寻求生命意义和生活价值的长旅不可能一蹴而就，要一步步踏踏实实地去行走，随着思考的持续深入，观察的不断精到，我们的悟性势必随之增强。

作者和读者不会失联，二者若处于同一个共鸣体系之中，这种联系将会格外紧密。读者的拍案叫绝和击节称奇是对作者的最高奖赏，对此我不敢奢求，能够将近年来思考和观察的心得贡献给你们，于愿足矣。

2014 年 3 月 16 日